Making a small garden

打造美丽的

小庭院

花园设计与装饰技巧

日本 E&G 学院 编著

姜佳怡　屈铭涛　旷怡　译

北方联合出版传媒（集团）股份有限公司

辽宁科学技术出版社

1 如何享受小庭院的乐趣

2 庭院营造要点

3 制作与庭院搭配的物件

4 需要记住的园艺知识

5 易于小庭院使用的植物目录

1

如何享受小庭院的乐趣

什么样的庭院是小庭院呢？

小路、阴凉处和没有覆土的空间也可以作为小庭院。

让我们聚焦在住宅周围的有限空间吧。

本章将介绍一些小庭院营造的有趣想法，以及令人沉浸其中的小庭院设计实例。

小庭院的定义是什么?

通过适当的植物布置，即便在有限的空间内也可以营造别致的小庭院。

理想的庭院营造并不受限于可用空间的大小。

一直以来，就像可以在小种植空间里欣赏植物的传统日式"坪庭"一样，即使在有限的空间里也能打造一个美丽的庭院花园。

良好的维护可以使庭院变得精美，但大面积庭院的养护也相应地需要大量的时间和精力。

从这个角度来看，小庭院更易于管理和维护。

因此，我们建议从小庭院着手庭院营造，对园艺初学者而言，尤为如此。

例如，如果在混凝土衬砌的车库和邻居家的界墙之间的空隙有10cm深的土壤的话，就可以在那里尝试种植植物。探索住宅附近的区域，以确认那些被错过的可用空间。

不要拘泥于空间狭小或缺少光照，确定符合条件的植物，尝试小空间的庭院营造吧。

房子周围的过道

建筑物和栅栏之间的通道通常处在视线盲区，它的空间有限，因而易于管理。➡ P16

木甲板和墙壁

可以尝试引导攀缘植物缠绕立柱至屋顶。此外，在外墙安装围栏后，可以悬挂吊篮以增添休闲感和趣味性。➡ P24

主庭院

虽然主庭院是住宅内最大的空间，但相较于庭院面积，更重要的是打造一个全家人可以一起放松的环境。➡ P26

面向道路的地方

这是大多数人经过房子时会看到的区域。在这个前提下，考虑哪些植物适于栽种吧。➡ P10

阴凉或半阴处

可以通过选择适合遮阴的植物来打造和享受别致的遮阴庭院。➡ P18

极小空间

在铺路石的嵌缝处这样狭小的土壤空间中也可以"见缝插绿"，铺种植物。➡ P20

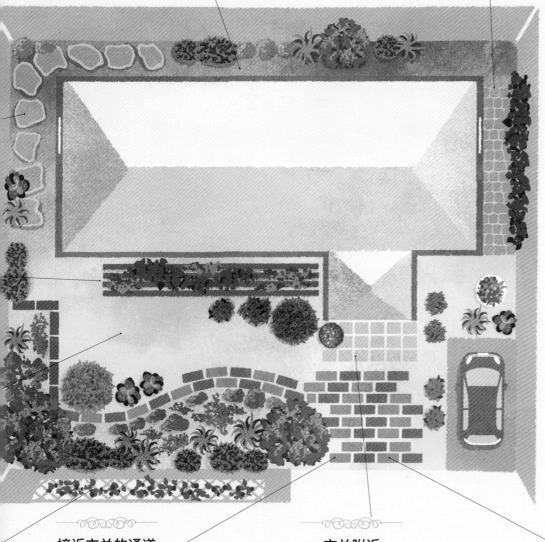

大门周围

如今，仅由简单门柱构成大门的住宅数量逐渐增加。这些门柱的柱脚或邮箱上方等位置都可以用花草装饰。➡ P13

接近玄关的通道

这里是室外与室内衔接之处。通过充分利用台阶和曲线，可以创造一个令人充满期待的空间。➡ P14

玄关附近

即便在没有土壤的空地，也可以通过立体地组合搭配盆栽营造优美的空间。➡ P22

如何利用不同区域 所见的空间

视线焦点区域

一处只有主人自己在享受的庭院，出乎意料地吸引了人们的注意。比如，花盛开的时候，似乎有很多从屋前路过的人对庭院的打理者说"太美了"。首先，让我们检查一下容易被注意到的地方，比如上门拜访的客人、邻居、路人等容易注意到的地方。

面向道路的地方

道路与场地的边界区域，是路人的目光通常聚集的地方。宽松的开放式风格是时下庭院的主流。

即使在狭小的空间

也可以通过主景树点亮空间

在像小台地一样的空间中配置主景树以及各种花草。在有限的空间中对树木和花草进行组合，创造了一个三维空间。(I宅)

通过使用彩叶植物让小庭院在花期以外的季节也看起来明亮

这是从路上看到的住宅入口的状态。通过各种形状和颜色的植物搭配组合营造出立体的效果。即便植物的种类繁多，如果有一个像红叶朱蕉这样的中心植物，空间也会被统一成紧密的整体。（金泽宅）

以排列的灌木等作为隔断

沿路种植的树木正好是合适的隔断。即使人们走在街上，花园也可以若隐若现，而不是完全用树篱隐藏起来，这是一个完美的平衡。（金子宅）

与藤本蔷薇交织在一起的廊架构成家庭的多功能空间

虽然住宅离马路有些距离，但从远处看，丰富的植物也很引人注目。廊架下方是儿童游乐场和自行车存放区。悬挂的矮牵牛属（碧冬茄属）吊篮在一片绿意中显得格外醒目。（大谷宅）

朝北的花坛点缀着色彩斑斓的灌木或叶色鲜艳的植物

面朝马路的北向花坛，也可以通过选择色彩艳丽的植物，显得明亮生动。在入口前树木的底部，营造出柔和的地形起伏，并考虑到流线和株高，种植了低矮的麦冬和日本富贵草（顶花板凳果）。（渡边宅）

庭院营造建议

以客人为中心来考虑入口附近的设计

在庭院中显眼的地方种花，是很好的做法。如果增加像宿根花卉这样"一年种植、多年观赏"的植物数量，并重新布置部分一年生和二年生花卉，则不会花费太多时间。

在靠后的位置，首先推荐种植像毛地黄、一串红和松果菊这样高大的植物。此外，还推荐非洲菊，它的花期很长。即使像凤仙花、矮牵牛、大花三色堇这样的一年生植物，花期也都很长，并可以开出艳丽的花。

通过强调植物的高度差异突出花坛

在灿烂盛开的矮牵牛属花卉后面种植毛地黄、非洲菊、蔷薇等高大植物，营造一个错落有致的花坛。

舒适别致，以绿色为主的
现代住宅玄关

在小小的种植空间中，种植了自然树形的绿色植物和靛蓝色植物，例如狭叶十大功劳、垂枝木藜芦、玉簪等，来打造一个易于维护的空间。（S宅）

根据门柱的风格 **选择植物和配饰**

带有铁铭牌和柱子的深色木信箱与常春藤和景天小盆栽以及法国乡村风格的配饰相得益彰。（大谷宅）

大门周围

大门周围是充满了家的氛围的区域。这也是一个可以给人留下深刻印象的空间。让我们打造出属于自己的个性小庭院吧。

悬挂混栽植物 **用来迎宾**

有对讲机的大门是访客首先到达的地方。悬挂布置混栽的时令花卉，可以创造出华丽的效果。对于悬挂式植栽，如果从四面种植使植栽呈现球形，会增加茂盛丰满的效果。（里见宅）

大型种植盆 以时令花卉营造出华丽的外观

以月季为中心，在周围种植不同株高的多年生蔷薇。即使花的种类很多，搭配花的色调也会给人一种沉稳的印象。（田宅）

在砖砌的通道中可以看到用盛开的白色蔷薇营造的浪漫世界
以一种浪漫的方式，让人一睹童话般的世界。（栗原宅）

选择叶子形状不同的植物，即使数量很少，也很有表现力

用石头围成圆形的种植空间。入口处的空间虽然面积不大，但通过设计和选择形状各异的植物，变成了一个富有表现力的空间。（大谷宅）

沿空间动线设计流畅的种植曲线

入口处楼梯下的步道石板呈弯曲状铺设。步道两旁沿曲线种植各种植物，营造自然流畅的小空间花园。（金子宅）

坡道设计**给人以期待感**

此处是从主干道到入口的缓坡道。坡度虽然可以营造出令人期待的空间感，但缺点是土壤容易松动。通过在花坛中间做一个隔断并建造一个台阶，可以防止土壤松动，也可以放置花盆。（金泽宅）

这个种植空间**给人一种柔美的感觉**

在通往入口的楼梯旁边的空间种植植物。对于照顾时间有限的人来说，选择茎细的植物，给人一种柔软感，即使生长旺盛也不会显得太乱。（I宅）

根据选择的植物**配置**具有现代感的不规则石块

这是一条连接车库和入口的不规则石头路径。即使是具有现代感的不规则石块，也可以通过种植休闲花卉来营造自然感。（井口宅）

即使是再小的空间，也可以营造一处像花园一样的展示橱窗

如果将狭窄的通道作为一个展示区域，那将会成为一个美妙的花园。堆砌花坛的石头呈曲线状放置使原本笔直的通道看起来富有立体感。（桥本宅）

房子周围的过道

虽然过道空间往往细长狭窄，光照不足，但是稍微花费一些心思的话，就可以营造出一条别出心裁的漂亮小路。

空间 **2**

容易成为死角的地方

是否有觉得难以进行植物种植的空间，例如通往邻居家的通道或容易被遮蔽的地方？即使在通常容易出现死角的地方，也可以根据种植的植物和设计目的灵活地进行利用。

铺砌砖块，营造与主庭院的统一感

过道后面的空间（右）和过道拐角处的花坛（左）也是连接庭院的前院和后院的空间。将它们作为庭院的一部分进行精心设计，而不仅仅作为一条通道使用。（桥本宅）

在这里放置置物架，
形成存储空间

很多人可能会说，过道变成了存放工具的地方。如果打开置物架下方的储物空间，工具可以被轻松取出。同时这里也很隐蔽，不容易影响视线，整洁度轻松提升（K宅）。

与主庭院分开，用作管理幼苗的空间

拱形通廊实际上是一个布满鲜花的空间。用于管理种植前的幼苗，布满植物会营造一种不同于主庭院的自然感。（近藤宅）

庭院营造建议

有品位的庭院营造要点

庭院风格多种多样，但是看起来时尚有品位的庭院往往相互呼应、浑然一体。如果将白色的法式破旧庭院小品和深色木质的美式做旧风格混搭在一起，就会产生违和感。即使同样是白色的材料，现代工业产品和古董物品的混搭手法也会影响营造的氛围。

注重颜色、材料和设计的选择，将能创造一个和谐的庭院空间。

此外，自然风庭院和现代庭院的植物选择和种植方法也有所不同。自然风庭院通常融入大量给人柔和感的花卉，而在现代庭院和岩石花园等硬朗风格的庭院中，在某些情况下，植物的数量经过精心挑选，以强调枝叶的个性。

关键在于确定一个明确的风格，也就是希望呈现的庭院整体外观是怎样的，而不仅仅放置最喜欢的植物和物品。

虽然是紧凑的空间，也
可以用蜿蜒的小路增加空间的深度

这是一条从车库通向主花园的通道。小路的路面由固化的土壤路构成，周围点缀铺路石、砾石和土壤，给人一种日式的氛围感，同时柔和的S形小路强化了空间的曲折与深度感。（西村宅）

阴凉或半阴处

在光照不足的地方，植物的选择至关重要。让我们朝着美丽的遮阴庭院的目标努力吧。

可以在这处遮阴庭院中欣赏错落有致的叶形与叶色配置

这是一个由各种植物搭配组合而成的遮阴花园，大胆地配置像玉簪、阔叶山麦冬、亚麻百合等耐阴植物，植物叶子的颜色和形状各异，可以让人充分享受。（近藤宅）

在高大的树下栽种

低矮的花朵

树根部也可以作为种植空间。可以在没有阳光直射的树荫处欣赏花团锦簇。如果种植的植物株高适宜，不是很高，就会给人带来一种自然的气息。（近藤宅）

叶色绚烂的植物**会给人留下深刻印象**

在北路入口这里，完全没有光照的空间中，设计以叶色鲜艳的植物为主基调，重新搭配了每个季节叶色不同的植物，呈现一种季相变化，并搭配了白色的背景墙来提亮空间。（T宅）

攀爬到更高的位置**可以吸收更多的光**

自行车车身被用作栅栏的一部分，以供像蔓长春花或者木香花这样耐半阴的植物攀爬，形成立体的观赏空间。生长至顶部的木香花则有更多的时间沐浴在阳光下。（大谷宅）

怎么做才比较好呢？

Q 想要把昏暗的地方转变为明亮的空间，应该怎么处理呢？

A 对于亮度不足的地方，使用白色作为主色会营造出明亮的氛围，同时搭配叶色明亮的植物并增加白色花朵的比例。阴暗的区域通常光照不足，因此最好选择适宜生长在阴凉处的植物，例如日本大落新妇、安娜贝尔绣球、打破碗花花等。

在植物根系贫瘠的阴凉处，也可以铺设浅色的砖块或石头作为小路。哪怕只是在砖石的缝隙这样一点点的空间里，种上适宜的地被植物，比如马蹄金、铺地百里香、地草、匍匐百里香、野草莓等，也会给人温柔的印象。

享受配置独特植物的**种植空间**

将景天、大戟属等具有独特叶片形状的植物与金边扶芳藤一起种植，在树根部形成一个独特的空间。（里见宅）

极小空间

哪怕只有方寸之地，也请尝试种植植物吧。也许会形成正式的种植空间。

推荐园丁初学者尝试利用极小空间

寻找庭院的一角，有没有不规则边缘的土壤空间呢？只需种植一些幼苗，就会看起来像一个花园。推荐庭院营造初学者们把这里作为练习植物管理的地方。（上、中／大谷宅，下／西村宅）

在有限的地方种植清爽的树木没有压迫感

栅栏、主景树，甚至立式水龙头都可以配置在深 30cm、宽 90cm 的花坛中。即使光蜡树枝叶生长茂盛，那些舒展的小叶片也不会让人有压迫感。（大谷宅）

通过石块的随机组合并搭配绿色植物来软化石材的生硬感

在石块路面的边缘空地中种下针叶树树苗，以软化石头给人的硬朗感。针叶树的叶片与深色木栅栏相得益彰。（井口宅）

很小，但不妥协，设计和谐的迷你花园

这是一个深 90cm，宽 120cm 的种植空间。中心安装了一个花园灯，里面布满鲜花。植物高低错落，变色叶植物穿插其中，叶形各不相同，构成了一处和谐美好的庭院空间。（井口宅）

在碎石和绿意点缀下的坪庭般的空间

在建筑物和围栏间的小空间中铺设砾石以形成坪庭。植物的数量很少，因此易于管理。但即使在这样方寸的空间内种植植物，也可以创造一个亲近自然的治愈空间。（I 宅）

> **庭院营造建议**
>
> ## 如何享受极小空间
>
>
>
> 当种植植物时，即使是看起来有点奇怪的空间也可以布置得像花坛一样。
>
> 可用空间很小的话，可以通过种植少量的植物来获得对于搭配分寸感的认知。所以对于那些想从现在开始庭院营造的人来说，这是一个完美的练习场所，体验如何在狭小的空间内种植、展示和管理植物。
>
> 即使出现了一些差错，在这样一个小空间里从头再来也是轻而易举的。拥有自己的庭院的乐趣之一就是尝试各种一年生和宿根花卉，并找到适合庭院环境的植物。

没有覆土的空间

放置一个花盆架，有节奏地安排混栽植物盆栽

石墙上搭配一些装饰物件，营造出乡村风格的氛围感。从入口玄关处开始依次摆放不同尺寸的花盆，延伸到装饰着植物的背景盆架，形成流畅的视线。

庭院中有很多像是路口处的瓷砖地面、车库的混凝土地面、木甲板和墙壁这样没有覆土的空间。有些人可能敢于减少土壤的面积。让我们考虑如何通过设计植物的排列来进行三维装饰。

玄关附近

在摆放花盆时要注意高低搭配，以达到错落有致的视觉效果。让我们充分利用台阶勾勒出欢快的迎宾氛围吧。

用大号陶盆打造小庭院，种植低矮的灌木增加立体感

入口门廊旁边放置的是大号的陶盆。低矮的灌木底部配以时令花卉进行混栽，利用组合盆栽形成了一个出人意料的美妙小庭院。（田宅）

花盆需与植物颜色相得益彰，**才会搭配出好看的混栽植物效果**

3 根树枝支撑而成的容器适合别致的混栽植物搭配。盛开的矮牵牛花溢出花盆，如果选择白色的植株，则呈现出优雅之感。（近藤宅）

即使有多种物品，只要保证色调统一，画面就可以呈现出整体统一性

两户人家的门之间安装了一个木架子。将多肉植物排列放置在与门颜色相协调的蓝色架子上。花盆虽然外形不一，但全部都是白色的，给人一种统一感。（金泽宅）

庭院营造建议

享受混栽的乐趣吧

　　在没有土壤的地方使用容器和花盆很方便。搭配秋海棠、矮牵牛和凤仙花这些生长繁盛的植物是很好的选择，那么就让我们享受混栽的乐趣吧。（⇨ P57）

　　混栽的搭配手法不仅可以让人在狭小的空间内欣赏多种花卉，而且也让每个季节的补种变得轻松。可以根据选择的植物，打造别致的或时下流行的风格。因此可以根据场所的氛围和感觉来进行搭配。

　　对于选择植物没有信心的人，建议搭配不同颜色的同种花卉。包括白色花卉在内，最好选择3种花色，并统一为暖色或者冷色调。基调为绿色的群植空间则应该点缀彩色的植物。

将长凳和种植箱高低错落地放置在不同的空间

在木甲板上放置了一个长凳和一个大的种植箱。我们在长凳上种植盆栽植物，在种植箱中种植灌木。通过台阶式的植物立体搭配，营造出空间的纵深感。（齐藤宅）

种植着藤本植物的庭院和木甲板自然协调

将地面上种植的蔷薇牵引到搭在木甲板上方的凉棚上，以充分利用空间。下面的照片是沿着弯曲的木甲板竖立的铁栅栏。铁栅栏与植物交织在一起，庭院和栅栏自然和谐。（齐藤宅）

像商店一样展示独特的绿植

深色木甲板上有多肉植物和观叶植物。甲板上方悬挂着许多挂饰。在类似商店的空间中找到独特的植物很有趣。（金泽宅）

将薄板固定在墙上，
打造展示空间

把细木板固定在建筑的墙壁上以引导藤蔓植物攀附。由于墙壁和木板间留有空隙，因此植物的阴影看起来是立体的，并且墙壁也不容易损坏。这些木板上还可以放置一些小装饰。(桥本宅)

把墙面作为画布，
用植物来描绘

在白墙前放置形形色色的多肉盆栽，并注意墙面空间的留白。留白与繁茂的植物完美平衡营造出一种艺术感。（金泽宅）

给人以生活感的场所也是
植物和自然空间

花坛贴着建筑墙脚设置，并将种植的蔷薇和铁线莲牵引到墙上。窗户和墙壁覆盖得很好，似乎给人一种生活的气息。(桥本宅)

放置手推车以进行展示

板墙前放置钢制手推车，以布置和展示盆栽植物。重点是在其中布满鲜花，以遮蔽车轮，正如我们所见，深色的墙壁与花朵相得益彰。(海蒂宅)

> **庭院营造建议**

发挥悬挂植物的作用

吊篮有两种类型，一种可以挂在墙上或围栏上，另一种可以挂在天花板上。两者都是用鲜花装饰没有土壤的地方，以使狭窄的空间看起来更加立体。

使用吊篮时，如果放一株茎垂下的植物，枝叶柔和的曲线会营造出丰富的空间感。在混栽植物时，请注意侧面或下方(而不是顶部)的视线。

为了不增加重量，使用以泥炭藓和棕榈为主的轻质土代替普通盆土。泥炭藓和棕榈很容易干燥，所以尽量多浇水。

确定主庭院的主题

　　即使在很小的空间里布置植物，也可以将它变成一个小花园，但还是憧憬着将主庭院打造成一个理想的花园区域。即使庭院的面积、形状、方向、周围环境等有所限制，但如果能充分加以利用，任何地方都会变成一个美妙的花园。此外，通过一些独特的创意，可以使它看起来比实际空间更宽敞。重要的是要明确主庭院的主题。

带木甲板的庭院

（神奈川县·I 宅）

　　这是一个带木甲板的小庭院，可以在与客厅相连的木甲板上欣赏五颜六色的花朵，如蔷薇和其他绿植。

虽然攀附在栅栏上的蔷薇不会一直开花，但通过在庭院的角落放置一个木制花架并在那里放置一盆混栽植物来进行搭配。可以灵活地调整鲜花，享受花团锦簇。

　　I 宅主人难以花费很多时间进行庭院维护，我们尽可能减少土壤面积。除了浇水等日常工作外，每年还要进行 2~3 次在有限空间内重新种植时令花卉和盆栽、修剪园林树木等工作。知道自己可以做什么也是维护美丽庭院的关键。

在木甲板和砖地板之间设置了一个细长的花坛空间。每个季节都会重新种植鲜花，为庭院增添色彩。

从客厅出来的木质平台，约占花园面积的三分之一。在甲板的南、西两侧，沿甲板边缘有深约 15cm 的细长花坛。

从木质平台到草坪的楼梯旁边是集装箱的底座。由于高低差异，花园呈现出立体感。

从木质平台上下来后是延展开来的草坪。前景是针叶树，旁边是长柄冬青，后面是日本枫树。草坪上铺着石头小路，营造出一种日式风格。

建筑物的墙壁上安装了齐腰高的木栅栏，以牵引茉莉和铁线莲攀爬。木栅栏下是用砖围起来的种植空间，上面有网，用来爬葡萄藤。葡萄藤也作为绿墙，与二楼阳台上的木栏杆相得益彰。

带楼梯的庭院

（千叶县·桥本宅）

利用拱门和装饰，在狭窄的空间创造一个浪漫的花园。

穿过前庭，朝大楼西侧的通道走去，就会发现一个令人惊叹的小花园。

从楼梯通道可以欣赏到鲜花和各种绿植，就像在森林中漫步一样，让人感觉平静。当走下过道拐弯时，突然出现一个令人惊叹的浪漫空间。

抬头看通往后院的楼梯，蔷薇花拱门与脚下的绿植融为一体，仿佛一条鲜花盛开的绿色隧道，引人入胜，并且这种空间氛围会让人忽略它的狭长。

绣球种植在白色的木头下面，在充满绿色的环境中，绣球花的紫色就成了焦点。

在楼梯下的角落里摆放一个水盘，各种切花漂浮在水盘中，为庭院增添了与花坛不同的魅力。旁边的白花是绣球绣线菊，与水盘的氛围完美融合。

庭院后面的栅栏应保持较低高度，这样就可以保证光线充足和空气流通。古色古香的鸟笼、花架，摆满杂货、盆栽的展示架，营造出一种故事感。

地面上覆盖着不同大小的石头和砖块，墙上的白色搁板上摆放着锅和杯子。仿佛一个咖啡馆，可以作为工作之余休息的场所。

种植攀缘植物将过道和后院融为一体，形成一个有许多半遮阴区域的遮阴花园。虽然种植空间有限，但可以通过种植攀缘植物，打造立体空间来消减狭窄感。

鲜花盛开的庭院

（埼玉县·吉田宅）

整个庭院浑然一体，不论
身处何地都可以欣赏到鲜花。

洋地黄、飞燕草、蔷薇、鼠尾草、石竹、蕾丝花等多
种五颜六色的花齐齐开放，形成一个令人惊叹的小庭院。

庭院中的风景如画，随处布置的群栽花盆，与地面种
植空间的混栽植物相得益彰，处处鲜花盛开。

入口旁边的小花园里也种着各种鲜花。

后面是较高的植物，前面是较矮的植物。由于花朵是按
照园艺的黄金法则排列的，因此每朵花的优点都脱颖而
出，并呈现出立体的效果。洋地黄和蔷薇就像印象派画
作一样引人注目。

主花坛的背面光照不足，这里除了种植
像玉簪这样的耐阴植物，还在有光照的
一侧种植花色明亮的旱金莲等植物，用
以点亮这个容易变暗的角落。

常绿的山地丁种植在花坛前。当绿色的体量增加时，会将花坛上的五颜六色的花朵衬托得更加闪耀和突出。

地面铺着砾石的地方用盆栽植物装饰。如果种植大型盆栽，将会很难移动，所以最好将它设置在存储区，然后享受混栽。

这是一个将多年来浸染日本风格，以树木为主的简单庭院更新的示例。带木甲板和枕木的露台，在充分利用紫薇、李子、木槿等原始树木的同时，极具现代气息。

从客厅可以欣赏到木质平台尽头的种植空间的美丽景色，树木可以阻挡庭院前公园里的人的声音和视线。

以树木为主的庭院

（神奈川县·西村宅）

由几何图案铺设的枕木地面和郁郁葱葱的庭院树构成一个轻松的现代庭院。

宽敞的平坦区域，由枕木和天然石材打造的坚固路面连接起来。庭院前面有一个公园，所以可以利用植物来营造遮蔽处。

使用 2m 长的旧枕木与玉龙草一起制作地面覆盖物。排列成几何形状，地面被移动以提供深度。

花坛部分带有土壤以匹配木甲板的高度。四季桂保持原来的种植。

庭院角落里的紫薇是在庭院更新之前种下的。它也是庭院的象征，在花期会让路过的人眼前一亮。

最初，用于固定草坪的树脂制草皮保持材料被用作小径和花坛之间的边界隔断。它是一种柔软的材料，它可以弯曲成任何形状。这是一个优点，它可以被随意使用。

通过安装铁栅栏防止狗从房间里出来挖花坛里的泥土。有时铁栅栏被拆开，花坛中被挖了一个洞也很可爱。

带门廊的庭院

（东京·井口宅）
大门的尽头是带阳台的休闲空间。

打开门，穿过蔷薇拱门，是一个带门廊的小庭院。时尚的木栅栏门顶部像是一个凉棚，此处一个英式小庭院和日式门廊融为一体，毫无违和感，形成一个治愈系庭院。

坐在门廊下乘凉、喝茶，已成为家庭生活不可缺少的一部分。

从庭院后面可以看到入口处的栅栏门。
右侧的阳台可以用作长椅，这里可以很好地遮挡来自路边的视线，是一处放松空间。

面向门廊的花坛。使用了叶片较短的彩叶植物，以免完全挡住栅栏，点亮脚下的空间。

入口旁的乡村风格木栅栏门，上、下、左、右四周绿树成荫，营造出引人入园的氛围。在花园的尽头，一个木质的百叶窗保证了通风。在角落里种一棵棉毛梣，使它成为一棵主景树。

庭院后面的角落。如果与道路的边界被完全遮挡，就会受到阻碍，因此间隔较宽的百叶窗可以让光线和风适度通过。在角落里种一棵青桃树，使它成为一棵主景树。

朝北的庭院

（神奈川县·大谷宅）
这是一个北向的私密感十
足的封闭庭院。

穿过入口旁边的通道，就会看到一个狭长的庭院，里面种满了绿色植物。在北面种植高比例的绿植和适当的鲜花，因此可以享受在森林中的氛围。竹子、蕨类和枫树等植物在阳光下熠熠生辉。

虽然空间有限，但也布置了木质甲板，可以感受到浓厚的现代庭院氛围。

木质甲板是家人放松的地方。甲板所在处有一面木板墙，所以不必担心邻居家的视线。竹子、枫树等日式庭院常种植物与褐色的硬木相结合，给人一种现代感。

在庭院的入口处，以门柱的形式安装了由铁丝网制成的栅栏。后面的木甲板若隐若现，这是一种提高对庭院期待的方法。

用砖铺成旋涡状，添加了趣味性的元素，右边种的是绣球花，左边种的是野草莓和紫金牛。

在建筑物后面的狭长空间中，弧线形的铺路石营造一种优雅的氛围，并在两侧种满绿植。在与邻居家住宅的边界处竖起了一道栅栏，两边都是绿色植物。

小庭院里也有很多自然变化

庭院讲述了四季的变迁

（东京·金泽宅）

植物随着时间的推移不断生长，并根据季节改变形状。因此，即使在同一个庭院里，主要植物和观赏点也会根据季节的变化而变化。

东京的金泽宅有一个兼作开放式工作室的庭院。尽管种植了很多树和其他绿色植物，但由于人们不分季节到访，我们试图保证一年四季都有花朵盛开。虽然空间有限，但每个季节都有许多植物可以观赏。

透过鲜绿色的枝叶缝隙可以看到充满春意的花朵，体积虽小，但栩栩如生。

一个种植了很多树和其他绿色植物的庭院。春天，阳光明媚，鲜花盛开。绿色有深浅，花虽少，但色彩丰富。

春

四月

原生郁金香"简女士"和重瓣郁金香（左）。紫色背景是原有植物。

形状独特的花朵排列在细长的茎上，仿佛一颗颗流血的心，所以被叫作"流血的心"，呈现令人欢喜的明亮色调。

喇叭形花朵朝下的垂筒花，根据品种的不同，有冬季开花和夏季开花两种。

楸子的花。起初，它是淡粉色的，但当盛开时，它会变成纯白色。可以根据修剪方法紧凑地种植，因此也推荐用于小型庭院。秋天还会结出小小的红色果实。

木半夏花期为4月到5月，果实从5月到6月成熟为红色。

带有漂亮粉红色花朵的木瓜。10月左右可以收获果实。

春季花园和花园工作

3月左右气温逐渐回升，冬季休眠的植物开始萌动。秋天种植的郁金香、水仙花、番红花等球茎开花，树木也开始发芽。

随着天气变暖，害虫的危害开始显现，害虫防治和花后养护成为日常工作。同一时间段，开始种植春植球根植物和夏季开花的一年生植物。需要夏季修剪的树木最好在6月左右着手。

适合春季种植的宿根花卉，名为"温斯顿·丘吉尔"的水仙花（上）和原生金花郁金香"克鲁斯"（下）。

在石竹的基部，酢浆草（左）和多肉植物刺叶露子花（右）在绿色中脱颖而出。

随着夏天的继续，绿色的密度增加，彩叶开始代替花朵增加颜色。

从夏天到秋天，花园的绿色比春天更深。冬季的准备工作在秋季的后半段开始，但根据一天的温度不同，可能仍会感到炎热。因此建造了春天没有的小屋，给人一种很紧凑的印象。

夏到秋

十月

斑叶金线草的细茎上有白色小花。从夏末到秋季，它在半阴或阴凉处生长良好。精致的形状类似秋季的草花。

紫叶酢浆草（左）和葱莲（右）。两者都有很长的花期，仅紫叶酢浆草的叶子就值得观赏。

灌木丛是流行花色的马缨丹。由于花期长，从炎热的夏季到深秋，鲜花不断。

日本银莲花的细茎顶端有花，作为秋花很受欢迎。它也常用于切花。

观赏在单一植物上结出不同颜色的辣椒果实。有许多不同形状和大小的果实品种。

珊瑚珠花期长，从初夏持续到深秋，因为花果季节重叠，所以可以一起欣赏。

垂丝卫矛从夏季至秋季结红色果实，成熟时果实裂开，出现种子。冬天落叶的时候，挂着的果实格外显眼。

秋季花园和花园工作

当夏天的炎热逐渐消退时，也来到了植物的舒适时期。其中一些植物花期较长，从夏季持续到10月左右。

这是重新种植宿根植物、多年生植物的最佳时间。花开完后，拔出一年生草，种植秋植球根植物，播下秋播的种子。由于台风较多，因此需要采取防风措施。

冬季花园和花园工作

冬季是休眠植物较多的时期。花会少一些，但有些植物即使在冬天也能开花，如仙客来、紫罗兰和圣诞玫瑰。

对于花朵很少的花坛，提前为春天准备土壤也是个好主意。在落叶的冬天修剪落叶树，这样更容易对树枝进行分类。牵引玫瑰的工作与修剪一起完成。

落叶树在气温下降时会改变外观，叶片颜色也会发生变化，营造出别致的氛围。

大概到 12 月初，落叶树的叶片开始枯竭，变成冬天的颜色。落叶树的一大优点是可以欣赏树枝，因此可以享受没有鲜花的古朴花园。

初冬

十二月

冬天花很少的时候派上用场的植物。深紫色给人一种别致的印象，与枯叶的冬季花园相得益彰（右）。耐寒花园中仙客来与杂色常春藤缠绕在水龙头上，形成一种平衡，恰到好处（中）。为冬季增色的金橘（右）。

庭院营造要点

庭院营造的方法没有对错之分，
但通过了解基础知识和植物的特性，
就算是新手也能创造出美丽的庭院。
一起来查看这9条法则，朝着梦想中的庭院努力吧。

了解自然风庭院的要素

不仅仅是鲜花，将带有各式各样元素的植物进行组合

　　所谓的自然风庭院，是一种什么样的庭院呢？在自然界中，并不是所有的植物在任何时候都会开花，这是因为花朵的花期较短，而未开花的时期更长。此外，既有以花朵引人注目的植物，也有花朵不太起眼，但其树形或株型却别具魅力的植物。

　　对于初学者来说，很容易只顾着将花卉组合搭配，但仅将独特的花卉规则地布置，会导致人为的印象较强。而自然风庭院和自然景观一样，是由各式各样的植物组合而成的。事实上，比起鲜艳的花朵，绿叶的部分总是更多。

　　这里的绿叶不是指"绿颜色的叶子"，而是指有美丽叶子的彩叶植物（⇨ P52）。通过很好地使用鲜花和彩叶植物，就能创造自然风庭院的景色。

　　虽然一并称为花卉或绿叶，但其实种类繁多。一起来查看庭院营造所必需的植物元素和类型吧。

自然程度的关键是绿叶

　　绿叶，也被称为彩叶植物，在庭院中被大量使用。
　　不要只拘泥于花的种类，善用绿叶植物才是演绎自然风庭院的关键。

美丽的庭院法则 ①

花坛前面的彩叶植物是带白斑的花叶羊角芹和窄叶的带斑短葶山麦冬。在后面配置了白色、蓝色和棕色等颜色别致的花朵。（近藤宅）

夏季时的同一个花坛。宿根植物（⇨ P43）的彩叶保持原样，在春夏之交更替花朵。随着季节交替，更换庭院里的所有植物并不容易，但如果只更换作为基底部分的彩叶植物以外的植物，就比较容易了。

构成庭院的植物元素

构成庭院的植物有着各种各样的种类和性质。
创造一个自然风庭院，要考虑到没有花的时期、植物的寿命，并将各种类型的植物组合起来，这是其诀窍所在。

一年生植物

这是在播种之后，一年内开花并死亡的植物。有不耐寒且会在冬季枯死的春季播种型和耐寒的秋季播种型两种。（①）

二年生植物

这是播种后需要两年时间才能开花的植物。植株生长到一定程度并经历了冬季的寒冷之后才会开花。

多年生植物

只要环境适合其生长，就能持续生长多年而不死亡的植物。有在冬季根部残存但地上部分死亡的类型，也有在冬季地上部分仍然存在的类型。还有在其原生地是多年生，但在日本的气候条件下被当作一年生的植物。（②）

宿根植物

多年生植物里也有地上部分在冬季死亡的类型。然而，在园艺中，宿根植物常被用来泛指所有多年生植物。在许多被称为"宿根植物花园"的庭院里，混合着地上部分会枯死和不会枯死的植物。（③）

球根植物

多年生植物里能产生球根的植物。球根是叶、茎或根的一部分在储存了营养后膨大的部分。主要可以分为春植、夏植和秋植。

匍匐植物

在地面上攀爬生长的植物，也适合用作地被植物。（④）

藤本植物

这是通过将自己包裹在其他东西上或用卷须往上爬而生长的植物。（⑤）

（栗原宅）

落叶树

这是一种在寒冷季节叶子会掉落的树。从春天的新芽，到夏天的绿叶，再到秋天的红叶，直至冬天的枯叶，能让人欣赏到四季的变化。（⑥）

花木

常绿树或落叶树中花朵特别美丽的树种。（⑦）

常绿树

一年四季都有绿叶的树。有着美丽叶子的松科或柏科等常绿树，也被称为针叶树。

果树

常绿树和落叶树里果实可供食用的树种。

根据其用途和生长姿态选择树木

树木能让人联想到大自然，为庭院增添一丝趣味和立体感

庭院中只要有树木，就能让人感受到自然风情。高大的树木将人们的视线向上吸引，为庭院增添了立体感和空间感。尽管有些树木在种植时是树苗，但之后也会渐渐长大。因此要设想5年后、10年后等长期的变化来考虑树种或种植场所。

在选择树种时，要考虑种植目的、庭院的日照和排水情况，以及是否能与庭院的氛围相得益彰。另外，因树种的不同，还应该掌握树木的生长速度、病虫害、耙叶和修剪等日常维护要点，并考虑需要多少时间的管理。

对创造自然风庭院来说，种植富有野趣的杂木是一个很有帮助的方法。如果是小庭院里种植杂木的情况下，应选择树干窄、叶子小的树种，并避免密集种植。

通过定期的疏剪（⇨ P155）减少枝条的数量，将使它们更容易管理。

选择符合目的的树种

在小庭院里种植过多的树木是很困难的。
或是享受四季之景，或是遮挡视线，或是享用果树的果实，明确目的并选择相对应的树种吧。

美丽的庭院法则 ②

目的 1 作为主景树

这是作为庭院标志的树木。从远处就能看到的乔木和开着醒目花朵的花木等适合此目的。

合适的树木

山茱萸	棉毛桦
野茉莉	大柄冬青
大花四照花	银荆树
椴类 等	

目的 2 视线遮挡或栅栏围挡

应选择厚实茂密，能进行造型修剪，能够长到所需高度的植物。一般来说是常绿树，但在某些条件下落叶树也可以。

合适的树木

金叶日本冬青	大花六道木
连翘	冬青卫矛
台湾十大功劳	红花檵木
铁线莲 等	

目的 3 享受芬芳

有一些香味浓郁的树种，香味会随着窗外的风飘进房间。除了香味随季节飘散的花木，还有树叶和树干具有香味的树种。

合适的树木

丹桂	桉
栀子	蔷薇
多花素馨	瑞香
忍冬 等	

目的 4 用于烹饪和制作工艺品

在庭院里收获后，可以用于烹饪、制作花环等，有些还可以晒干后储存。

合适的树木

月桂	迷迭香
桉	油橄榄
柊树	针叶类
胡椒木 等	

目的 5 收获果实

能够在较长时间段内一点点收获的浆果类等，这些可以品尝果实的果树使得种植乐趣倍增。

合适的树木

越橘	香橙	覆盆子
金橘	无花果	石榴
日本夏橙	木瓜	
六月莓 等		

目的 6 纵享季节的变化

更能让人感受到季节到来的树木，比如在早春时节比其他花早绽放的花木，以及秋季色彩美丽的落叶树。

合适的树木

椴类	紫玉兰	垂丝海棠
富士樱	大花四照花	红梅
日本紫茎	山茱萸	
北美鼠刺 等		

种植时需要想象并思考植物生长后的样子

种植树木时需要设想 5 年后、10 年后的样子来选择种植的场所。
一起来了解种植时需要考虑的要点吧。

要点 1

考虑树形后再进行组合

树木的生长形态被称为树形。树形虽会因树种不同而各异，甚至同一树种也会因为处理方法不同而有所不同。与排列同样树形和高度的树木相比，组合不同类型的树木的方法更富有变化。另外，对于进深狭窄的庭院，在地块的靠里面种植较大的树木，靠前面种植较小的树木，会通过景深来强调空间感，使人留下清爽的印象。

要点 2

考虑树木的生长空间

树干以上的部分被称为树冠，随着树木的生长，其形状和大小会发生变化。随着树叶的繁茂，雨水会落在周围一圈的外部空间（树冠范围）。这一区域中种植在树下的低矮植物被称为林下植物，会为树木的美丽增色不少。这个区域成为林荫，也有被遮挡住阳光直射的部分，所以在选择植物组合时应注意。

要点 3

留意随季节变化的外观

落叶树会随着季节的变化而改变外观。在夏天，可以挡住强烈的阳光，但在冬天，会掉落叶子，更容易获得日照。由于会影响到周围环境的日照，需要多加注意。

要点 4

保持动线畅通很重要

在思考如何处理场地的基础上，树木的配置是要点。树木长到很大后就很难移动，所以树木长大后也应注意需要确保动线畅通。

夏 冬

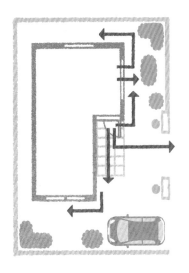

为花坛制订年度计划

了解植物的不同生长模式并制订年度计划

要想很好地管理一个花坛，首先，考虑要种植的植物的组合是很重要的。若是看到盛放的花朵，就会容易单凭喜好的花色或株型来选择，但重要的是设想这些植物将如何生长后再做选择。

例如，一年生植物在开完花后就会死亡，必须在开花后拔除，并种上新植物。因此可以实现在同一个空间里，随着季节更替装点不同的花朵。而宿根植物可以存活几年，且开花后不需要重新种植。不过，在不开花的时候也确实会占用空间。考虑上述要点，并制订季节性的轮换计划吧。

为了保持花坛的美观，进行修剪残花、重剪和病虫害防治等日常维护是不可或缺的。开完花后依次用新的植物来替换，可以使花坛保持繁盛，但那样也会消耗精力和支出。根据可用的时间和金钱来决定换盆的频率也很重要。

美丽的庭院法则 ③

要点 1

了解欲种植植物的花期和寿命

如果有很想种植的植物，不妨先弄清楚它是什么样的植物吧。是适合自己的庭院环境的植物吗？喜好的日照等环境是什么样的？能开多久的花？寿命有多长时间？等等。了解想要种植的植物的基本信息是规划花坛的第一步。

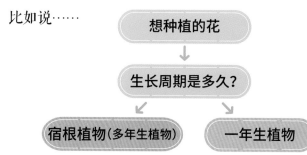

比如说……

想种植的花

↓

生长周期是多久？

宿根植物（多年生植物）

开花过后，如果环境适宜，植株将继续存活。有些植物的地上部分会在冬季死亡，有些则不会。

进行重剪等维护

一年生植物

大多数植物在种植幼苗后可供观赏大约半年的时间。当花朵开完后，植物的生命也就结束了。

拔出并种植新的幼苗

要点 2

制订花坛的植栽计划

思考想在花坛中种植什么植物时，建议先画一张植栽图。对照植物目录（⇨第5章）等，填入包括花色、株高、花期、生长周期（寿命等）和照顾植物的最佳时间等信息。根据所能承受的花费，归结出一年生植物和宿根植物的均衡组合，或是考虑到换盆次数的具体的植栽计划。

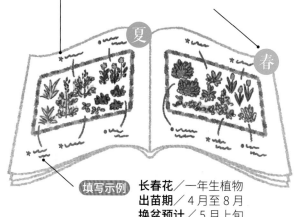

将一年生植物和宿根植物区分开来，会比较容易规划

以三色堇、堇菜等为主的春季花坛，应在五一黄金周前后换盆

夏　春

填写示例

长春花／一年生植物
出苗期／4月至8月
换盆预计／5月上旬
花期／4月至11月
要点／尽早掐尖以增加分枝。勤修剪残花。不要忘记追肥

要点 **3**

结合生活制订计划

有家宴或是聚会等想要享受庭院植物的活动时，若是鲜花的盛放期已过，未免也过于可惜。因此，选择届时能够盛放的植物，通过逆向推算生长季节来种植，才是关键。另外，更换所有的植物会很麻烦，所以一般来说会保留作为基底的宿根植物，并更换一年生植物。

春

盛开的玫瑰和五颜六色的花草开得烂漫，明亮地装点整个庭院。在黄金周和 5 月中旬，有很多朋友来这里参观。因此，通过将不同类型的花卉结合起来，使每一种花卉在每年的那个时候都处于最佳状态，并在前一年的秋季提早种植一年生植物。（近藤宅）

夏 和 秋

在夏季的烈日下，植物茂盛地生长着。从夏季直到秋季都有别致的色彩。虽然大部分彩叶植物会保持原样，但通过搭配一些不同于春季的花卉可以让整个庭院看起来完全不同。

冬

在欣赏耐寒的彩叶植物的同时，尽早为春季花坛做准备。如果想要欣赏三色堇、堇菜等植物的冬季花坛，那么往往在 5 月就无花可赏了。由于这个庭院主要是为了能在 5 月赏花，所以选择了减少冬季花坛的乐趣，并将其作为 5 月开花的准备期。

各类植物的生长周期

此表以植物类型为划分，标示了其年生长周期。
了解植物在各个季节的状态并制定花坛轮换计划吧。

	1月	2月	3月	4月	5月	6月	7月	8月	9月	10月	11月	12月
春播一年生植物				播种	生长期	开花期				枯萎		
秋播一年生植物	开花期				枯萎			播种			生长期	开花期
二年生植物				播种 / 开花期		生长期	枯萎					
春季开花宿根植物	休眠期		生长期		开花期		生长期			休眠期		
秋季开花宿根植物	休眠期		生长期				开花期		生长期	休眠期		
春植球根植物	休眠期		种植		生长期		开花期			休眠期		
秋植球根植物	生长期	开花期			休眠期					种植		生长期

※ 分类及生长周期，由于生长环境和气候等因素可能会有所不同。

考虑种植时花草的配置

小庭院的关键是保持主题上的统一

　　每当在花店看到中意的花，就会让人想要尝试种植看看。但如果就这样随意地在庭院的空地上种植的话，将会使庭院逐渐变得杂乱无章。

　　对小庭院的营造来说，重要的是庭院中所有的元素都能融合在一起，创造出统一的感觉。若是包含过多元素，则会给人以杂乱无章的印象。因此，首先以下面这样的顺序来处理看看吧。

　　①决定主题

　　②考虑日照和通风等环境条件，以及整体的设计。

　　③考虑植物的生长姿态，以互相搭配适宜为目标来配置。

　　起初需要决定最想在这个庭院里做什么。可以是种满鲜花色彩洋溢的庭院，可以是聚集柔和色调花朵的庭院，可以是有着摇曳的小花且富有野趣的庭院，也可以是以杂货小物组合而成的庭院，尽可能地规划要点。由于空间有限，尽量简单地考虑主题之外的元素很重要。

美丽的庭院法则 ④

要点 **1**

预留生长空间再种植

植株与植株之间的空间被称为株距，适宜的株距因植物而各异。即使是在种植时看起来很小的幼苗，也会逐渐长得很大。设想植物完全长大后的样子，并为生长预留足够的空间来种植吧。

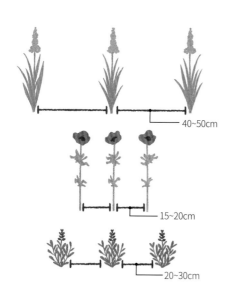

— 40~50cm

— 15~20cm

— 20~30cm

株距的基准

一般来说，株距多以 20~30cm 为准。而对于茎部有着较少的分枝且株型纤细的彩叶植物和小球根植物来说，株距取 15~20cm 为宜，对于大型的植物，株距取 40~50cm 为宜。若是不知道在给定的空间中能够种植多少株植物，预先排列摆放空盆来设想也是一种办法。

要点 **2**

宜自然交错而非均匀等间隔

为确保所有植物都能自然融洽地种植，比起直线式的排列配置，更推荐以之字形、不规则形或两者兼而有之的方式排列配置。

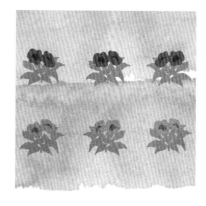

忌

如果将植物按直线并等距离排列，会给人过于整齐划一的印象。

宜

如果将植物不规则地排列，就能自然地适配，并具有深度感。

要点 **3**

留意生长姿态再进行组合

对于不同的植物，其生长的株型、体量感也不尽相同。如果前面的植物长得比后面的植物繁茂，不仅看起来不美观，成长也会变差。为了使植物能够相互适配并均衡地生长，应该考虑株型后再进行组合。在配置时应以植物长大后能均衡地填满上、中、下三层空间为目标。

株型的三大要素

上 向上伸展出一定高度
中 厚实而茂盛
下 横向蔓延

株型的式样

长得大而密
●木茼蒿　　●薰衣草
●马缨丹 等

长得细而长
●洋地黄　　●美人蕉
●唐菖蒲　　●羽扇豆
●翠雀 等

匍匐并伸展
●常春藤　　●活血丹
●百里香
●针叶天蓝绣球 等

长得矮而密
■三色堇　　■矮牵牛
■堇菜　　　■洋凤仙
■万寿菊 等

长得蓬松
●山桃草　　●蕾丝花
●缕丝花 等

长得细而有弧度
●白及
●禾本科或莎草科
●麻兰 等

庭院营造建议

也要敢于尝试"自然之妙"！

对于庭院营造来说，最重要的是事先制定设计方案。然而，偶尔尝试一点"意外的乐趣"也不失为庭院营造的妙趣。

从自播种开始培育的乐趣

所谓自播种，是指植物在结果之后自然地撒下种子。对园丁来说，从庭院里的植物上掉下来的种子在意想不到的地方发芽长大，也许能称得上一个幸运的礼物。同时它是能很好地适应当地环境的植物，易于种植也是其优点。

通过自播种的方式容易繁殖的花

白晶菊

勿忘草

黑种草

粉蝶花

抛出球根，将其落下的地方作为种植场所

在春季，郁金香、水仙花等从花丛中冒出头来，惹人喜爱。若是想要像这样种植球根植物，那就顺其自然吧。

一次抛出3~5个球根，在每个球根落下的地方挖一个洞，然后种植。对于花韭等坚韧的小球根植物，仅用堆肥或腐叶土覆盖掉落的球根即可。将郁金香、红番花和串铃花等多种植物混合搭配也很有趣。

按风格划分的种植示例

正因为是小庭院，才更要在种植上下功夫，以享受各种植物。一起来看看不同花园风格中花草的种植配置吧。

1. 肥皂草
2. 亚麻叶脐果草
3. 老鹳草
4. 蛾蝶花
5. 车前叶蓝蓟

那些花色呈粉红色系的老鹳草和肥皂草等植物，以及呈蓝色系的车前叶蓝蓟和亚麻叶脐果草等植物，以绝妙的比例被配置在这里。鞘冠菊柔和的花色也与明亮温和的氛围相得益彰。（近藤宅）

花境花坛

基本上指的是在树篱、墙壁或与邻居家的边界地带种植花草的、长而窄的矩形花坛。高大的植物种植在后部，中等大小的植物种植在中部，矮小的植物种植在前部。

中部的车前叶蓝蓟会根据花期从蓝色变为粉红色，整个花坛随即形成美丽的渐变。前部和中部的小白花和轻盈的禾本科或莎草科植物，能有助于混杂花色的融合。（近藤宅）

1. 海滨蝇子草
2. 毛剪秋罗
3. 车前叶蓝蓟
4. 田车轴草
5. 苏沃补血草

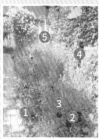

这是一个由前部的蓝色岩旋花、中部的车前叶蓝蓟以及后部的宿根亚麻一同构成了柔和色调的交替，再以粉色和白色等淡雅花色来平衡的花境花坛。以别致的铜色叶子的石竹点缀在各处，增加了一抹醒目的色彩。（近藤宅）

1. 蓝色岩旋花
2. 石竹（须苞石竹）
3. 车前叶蓝蓟
4. 宿根亚麻
5. 洋地黄

球根植物花园

这类花园是以让人感受到季节性变化的球根植物为中心来设计的。比如秋水仙和串铃花等小球根植物倒是可以多年种植，而郁金香等植物应每年种植。

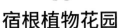

宿根植物花园

这是以宿根植物为主的花园。随着时间的推移，这些植物与自然融为一体，创造出一种天然的氛围。除开花季节之外，花园会呈现出宁静的气氛。

前部种满铜色叶子的肾形草，给整个花园带来了紧凑的效果。后部的洋地黄选用了没有斑纹的品种，给人以轻盈的印象。金叶小檗呈明亮的青柠色，使角落更加明亮。宿根植物花园的关键是选择正确的叶色和株型的组合，这样即使在不开花的时候也能欣赏这些植物。（近藤宅）

此处选择的是三色堇中不太醒目的品种，因此也有衬托郁金香的效果。等到郁金香开花结束的时候，三色堇的体量会更大，后排的萱草也会盛开。（福田宅）

① 郁金香
② 三色堇
③ 萱草

① 肾形草
② 金叶小檗
③ 萱草
④ 石竹（须苞石竹）
⑤ 蕾丝花
⑥ 洋地黄

窗台花园

这是为窗边增添色彩的花园。推荐使用适合深而狭窄的地方，株型直立但又不会过度茂密生长的植物。

纯白色的蕾丝花配合白色的窗框，为其增添一丝优雅。要考虑到窗户的高度和植物生长后的高度来选择，这样就能很好地平衡并互为衬托。蕾丝花的花期很长，是蔷薇类的绝好搭配。尽管它的外观很精致，但却坚韧且容易生长，通过自播种也能很好地繁殖。（栗原宅）

① 蕾丝花
② 蔷薇类

有品位地使用彩叶植物

好好利用它们来提升整个庭院的氛围

　　叶色十分美丽，且叶子的观赏价值高于花朵的植物，被称为彩叶植物（或是观叶植物）。其中像大型的新西兰麻这样独具个性的、有着较高观赏价值的植物，也被称为观赏植物。此外，匍匐生长覆盖地面的植物被称为地被植物（或是地被叶植物）。

　　如今市面上有很多不同类型的植物，所以认真斟酌和选择不同颜色和形态的植物，并将它们很好地结合起来吧。商店里陈列的种苗可能看起来有点朴素，但通过不同方式的运用，可以提升整个庭院的氛围。其中大多是坚韧的植物，不需要太多的维护也是其优点之一。

　　当为如何运用才好而发愁的时候，按照下面的目的和种植方式，试试看吧。

①作为花与花之间的点缀。

②覆盖在庭院中露出土壤的地方。

③通过在狭窄空间的后面种植大型植物，在前面种植低矮植物来强调景深。

彩叶植物带来的效果

　　彩叶植物对于自然风庭院营造来说是必不可少的组成部分。

　　为庭院增添特色，减少所需的工作量，红叶的变化带来季节感等，只要很好地采用这些植物，就能营造出各式各样的效果。

效果1 在庭院中创造出立体感

通过在后部种植较大体量的植物，在前部种植较小体量的植物的方式来强调景深，这给庭院带来了三维效果，使小空间看起来更大。

效果2 将植物相互连接起来

具有填补花与花之间的空隙，将它们融合在一起的效果，或是以一个大的空间为背景来创造统一感的效果。通过不同形态及颜色互相结合，以增加变化和起到强调的作用。

效果3 将植物与人工材料协调

通过结合砖块和混凝土等人工材料来自然地融合，在庭院中调和出一种自然的氛围。

效果4 作为主角来配置也很万能

其中有许多品种即使在弱光条件下也保持活力，可在阴影花园中作为主角，令人印象深刻的品种也可以作为庭院象征。

在使用彩叶植物时，要将要素拆分开来考虑

彩叶植物有很多类型。如果不确定使用哪种以及如何组合，请查看一下彩叶植物的"要素"吧。

色

注意这里！

虽说都称作绿叶但也分各种类型。那些叶子颜色中带有异色部分的，被称为斑叶植物。

绿色
绿色是庭院中最基本的颜色，也是许多花的叶子和茎的颜色，可以天然地衬托出花朵的颜色。同为绿色也会有多样的色调。

带斑
不同的斑点类型有着不同的名称，如叶子周围的镶边斑点，窄叶上纵状的条纹斑点。

令人印象深刻的颜色
表面覆盖着细细的白毛并呈现出银色的银色叶、铜色叶（铜棕色）和明亮的青柠色叶。

形

注意这里！

植物的体量和形象会因其生长方式而有所不同。选定种植空间，以彰显植物的个性吧。

生长茂盛，并体量膨大。

狭长尖细的叶子直直地生长。

轻盈细裂的叶子柔和地重叠。

繁盛茂密，并能提升体量。

匍匐蔓延，在地面上舒展。

组合方式的诀窍

例如，在生长茂盛且体量膨大的植物之间点缀叶子尖细的植物等，结合不同的元素来创造多样性。与之相反，如利用铜棕色植物与铜棕色斑点植物的搭配等，用具有相似元素的植物来平衡搭配，会产生一种整体的统一感。

形 膨大
色 带斑

形 尖细
色 带斑

形 茂盛
色 绿色

形 尖细
色 带斑

形 茂盛
色 铜棕色
带斑

形 轻盈
色 绿色

形 轻盈
色 绿色

形 茂盛
色 带斑

形 尖细
色 铜棕色

怎么做才比较好呢？

Q 彩叶植物增长过多了，应该怎么做才好？

A 过度生长的话会导致下面的叶子脱落或枯萎，导致株型变得杂乱。如果体量变得太大，就会扰乱与周围植物的平衡。

通过截短整株或疏剪枝条来保持其紧凑吧。禾本科或莎草科的植物应切成一半或三分之一的程度，使其变小。像玉簪等叶片较大的植物应减少其叶片数量。而从根际分离而来的植物应在春季或秋季进行分株（⇨ P151）。

彩叶植物的多种作用

对于自然风庭院营造来说，彩叶植物是不可或缺的存在。若是还在为如何种植才好而烦恼，不如根据它的作用来思考看看。刚被种下的时候可能看起来有些令人担心，但随着时间的推移，它们能够开始融入并创造出自然的景色。

花卉和植物的组合互为衬托

虽然鲜花本身就很美丽，但如果与富于变化的叶子结合在一起，这份美丽将更引人注目。

在夏秋季节的庭院中，将充满魅力的五彩苏作为主角。与之相配的鼠尾草也呈酒红色，在角落里创造出一种统一的感觉。为了使庭院不至于变得太过别致，使用了带斑的植物来组合搭配，以增加一丝轻盈感。(近藤宅)

注意形态!

配合着花朵的株高，以各种颜色和形状的叶子来增添色彩。匍匐型的百里香等植物略微伸出到园路上来，使种植丛的区域和园路之间的边界融合在一起。(近藤宅)

繁盛地茂密生长	以尖细的叶形描绘出曲线	匍匐着蔓延开来	较大的叶子舒展开来
例如……	例如……	例如……	例如……
● 粗毛矛豆	● 薹草	● 百里香	● 玉簪
● 银叶菊	● 阔叶山麦冬	● 筋骨草	● 肾形草
● 芙蓉菊	● 香根草	● 马蹄金	● 大吴风草
	● 麻兰		● 虾膜花

注意颜色!

彩叶植物的叶色和周围的花朵形成了一种渐变。

渐变
❶ 五彩苏
❷ 一串红（花）
❸ 五彩苏
❹ 夏堇（花）
❺ 阔叶山麦冬

渐变
❻ 五彩苏
❼ 五彩苏
❽ 猩猩草

以具有独特外观的彩叶植物作为主角来大放异彩

尤其引人注目的彩叶植物通常被称为观叶植物。就算是早已熟悉的品种，如果足够大或是精心挑选合适的种植容器，也可以成为庭院的主角。

具有个性的彩叶植物

例如…

大戟属植物　　五彩苏　　水飞蓟　　斑叶芒

打造一个坚韧、易于管理、低维护的角落

彩叶植物的优点之一，就是它们不需要花太多时间来维护。不管是庭院的中心还是边缘地带，在省时省力的同时也能大放异彩。

半阴环境也能生长

例如…

阔叶美吐根

银线草

玉竹

豆柄野芝麻、大吴风草和阔叶山麦冬等植物及其同类很适应日本的气候，在半阴的环境下也能茁壮成长。它们有一种充满野趣的氛围，且不太需要维护。（近藤宅）

❶ 短柄野芝麻
❷ 大吴风草　❸ 阔叶山麦冬

大型的玉簪被种植在带脚的容器中，营造出富有活力的效果。通过在庭院中部打造一面迷你墙，使得这些熟悉的面孔也晋升到了主角级别。（里见宅）

庭院营造建议

也请注意蔬菜或药草植物的售卖处！

当在商店购买的时候，不要局限于写着"彩叶植物"的角落，各个售卖处都看看吧。

需要注意的是蔬菜和药草植物的售卖处。例如叶色优美的散叶生菜等叶类蔬菜，以及可以享受芳香的药草植物，顽强且生长迅速，作为彩叶植物也能派上用场。

酸模
它是蓼科酸模属的同类，有红色的脉络。它含有草酸成分，具有独特的酸味，可以作为调料或制作沙拉。

香芹
有常见的叶子卷曲的派拉蒙品种，有叶子扁平的欧芹，还有与之相近的芫荽等。

将容器栽植作为庭院的亮点

即使在没有土壤的庭院中也能创造出高低层次

容器栽植是一种在花盆和花槽等容器中种植植物的方式。即使是在混凝土或砖铺路面等没有土的地方，或者比较贫瘠不适合种植的地方，也能够立即享受到种植植物的乐趣，这是其最主要的优点。

即使已有地栽的空间，也仍然可以采取容器栽植的方式。就像可以在衣服上添加配饰，使其看起来与众不同一样，通过放置容器也可以有效地丰富庭院。

例如，几种植物组合起来混栽，能够在容器中观赏到小庭院的景色。由于相比地栽，植物能够更紧凑地生长，所以在同样的空间里可以种植更多的植物。如果所选择的容器与庭院的氛围相匹配，那么容器本身就可以成为庭院的一大亮点。此外，还可以通过将植物放置在视野高处来增加庭院的立体感。

在小庭院里，容器也可以作为视线的焦点。在些许的空间里随意地摆放，创造出一种时尚的氛围。

容器的管理要点

容器栽植的植物需要与地栽的植物有不同的管理方式。
为了尽可能长时间地保持其美丽姿态，记住这些管理要点吧。

要点 1 根据目的和环境考虑放置的位置改变设置区域

例如仅在开花时期装饰在显眼的地方，或者配合光照并随季节变换移到合适的地方等，根据目的和环境来考虑放置的位置吧。由于可以根据所喜好的环境来移动植物，因此也有使不耐高温或低温的植物更容易生长的好处。大型容器也可以用来种植树木。容器的另一个优点是可以在没有土壤的地方种植各种植物。

要点 2 浇水施肥需适当

由于生长的土壤有限，相比地栽的方式而言，在水和肥料的补给上需要更多关照。当土壤表面变干时，一般都应大量浇水，直到水从盆底流出。应在移栽后施的基肥差不多失效时进行追肥。如果是连续开花的植物，可以在浇水的同时施用速效液体肥料。

要点 3 定期进行换盆

一年生植物在开完花后就会枯死，因此尽快将它们拔走，种上下一季的植物吧。宿根植物则不需要每年重新种植。然而，它们生长的时间越长，根部在容器中的生长空间就越小，进而产生根系堵塞。此外，土壤也会随着时间的推移而劣质化，因此定期进行换盆吧。

在铺装好的入口处放置了一个大型赤陶容器。同时也选用了大型的彩叶植物，与主玫瑰园相得益彰。（栗原宅）

混栽植物容器的基本制作方法

试试使用容器制作混栽吧。
若是使用容器栽植专用的营养土，可以让种植变得轻松而有趣。

需要准备的物品

· 植物
· 盆底石（浮岩等）
· 花盆（容器）
· 营养土（含肥料）
· 垫底网片

3 将植物预放入盆中，确认栽种的位置。将较高的植物种在盆的后面，较矮或下垂的植物种在前面，以达到良好的平衡。

6 用一根细棍去戳营养土，如果营养土下沉就继续加土。使其在浇水后不会下沉，均匀分布并坚实地填满缝隙。为了确保浇水的空间，添加的营养土不要超过盆沿以下2~3cm（⇨ P151）。

1 在花盆中铺上垫底网片，并加入盆底石。

4 从后面开始种植。不要弄碎掰出来的土球，多加一些营养土，使之与土球处于相同的高度并种下。

7 一旦加完营养土并整理好表土，就充分地浇水，直到水从盆底流出来。

2 对应土球最高的幼苗，在盆中填入营养土。

5 一旦所有植物都种好了，就用营养土填满空隙。

后期管理

在混栽时，需要用有限的土来培育一定数量的植物，因此往往会导致营养物质的缺乏。根据需要来适当地追肥吧。不过请先检查肥料上的说明，了解施用的频率和数量，也应注意进行修剪残花和重剪（⇨ P148，P149），大约半年后对一年生植物进行换盆。

通过自下而上的的配置来强调高低层次。

装饰较高的位置

在较高位置装饰容器，更能使视线朝上方聚集，让空间立体多彩。

吊篮的方式会使得土壤容易变干，但却与多肉植物十分相配。花叶地锦的叶色较素净，秋季也能欣赏到红叶。（近藤宅）

多种方式的容器栽植

对于小庭院，在容器里栽种一些植物来好好欣赏吧。
给原本熟悉的景色做一些改变。
装饰上醒目的容器作为庭院的亮点，也有营造立体感的效果。

在花园的入口处和玫瑰拱门的脚边，以排列整齐的容器来迎接来客。通过有效地配置同样花色的植物，以吸引人们的目光向庭院内侧聚集。（田口宅）

引导视线

有视觉冲击力的容器能够吸引庭院访客们的视线。饱含欢迎的心情来装饰容器吧。

将种有肾形草的容器对称排列在通道的尽头，令人印象深刻。既控制了通往入口的视线，又创造了一种景深感。（栗原宅）

引导视线

—— 引导视线

填满空间

若想充分地利用小庭院空间，就要注意竖向的空间。通过容器，可以创造出高低层次来让植物大放异彩。

在一棵大乔木下配置了大型容器。通过将其放置在交错堆叠的砖片之上，在增加视觉冲击力的同时，也给人一种精致的印象。（栗原宅）

下层空间用容器来装饰

主景树

美人蕉等长得很高的花，其下层的空间往往会很空旷。美人蕉有着橙色的花色和浓淡相宜的铜色叶子，为与其相搭配而选择了混栽，使整个空间显得更加丰富多彩。（近藤宅）

美人蕉　　下层空间用容器来装饰

享受开花的乐趣

种植一年生植物，并在它们开完花后依次更换。享受热闹的盛放花季吧。

冬 春　春 夏
三色堇　矮牵牛

按照季节种植更替开花的植物。

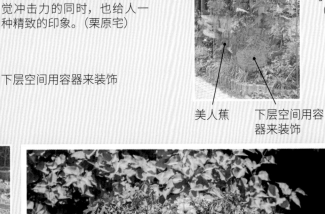

秋末种植的堇菜和三色堇在开花高峰期过后被依次拔出，以下一季的矮牵牛等其他植物来换盆。（池泽宅）

植物与春日明媚的阳光融为一体

在后部，白舌假匹菊有着精致的银色叶和茎，与纯白色的矮牵牛组合成混栽。而在前部，蓬松的田车轴草与粉蓝色的亚麻叶脐果草相组合，营造了一种轻盈的感觉。

① 白舌假匹菊
② 矮牵牛（扦插或分株）
③ 亚麻叶脐果草
④ 田车轴草

春

时尚的混栽案例

用放置在固定位置的容器来营造季节感

埼玉县·近藤宅

这是一个将季节装入容器来引人注目的庭院。比起地栽培育的植物来说更能紧凑地生长，所以即使在小空间里也能感受到充足的季节感。

夏 到 秋

别致的色调衬托着秋天的天空

从鹅河菊到香彩雀再到马鞭草，紫色花朵接力般地将两种混栽统一起来。五彩苏和"黑珍珠"辣椒等植物呈现出从红紫色到黑色的渐变，位于其前部的是叶子开始变红的甜舌草，白色的花朵轻轻垂下，为庭院更添一分变化。

① "黑珍珠"辣椒
② 莲子草
③ 五彩苏
④ 鹅河菊
⑤ 香彩雀
⑥ 马鞭草
⑦ 白雪木
⑧ 甜舌草

注意这里！

给混栽容器设置一个"支架"来使其醒目

在小庭院中，最好不要想当然地制作混栽来装饰，而是要从一开始就决定植物的摆放位置，并按季节更替种植。作为整个庭院的亮点，应以最能欣赏到季节变化为目标来设置。就像舞台上被聚光灯照亮一样，关键是要把它们放在较高的位置，使其成为整个庭院的焦点。

控制花色的数量，创造出优雅利落的混栽

春天是一年中各色鲜花盛开的季节。人们往往都会想要组合很多种颜色，但把颜色的数量控制在一定限度也是不错的选择。为配合容器的坚硬质感而选择的朱蕉可以很好地将这一切联系起来。

① 管瓣木茼蒿
② 香雪球
③ 异叶钓钟柳
④ 龙面花
⑤ 朱蕉

春

将能让人联想到秋天的观叶植物组合到一起

将往往被当作配角的酒红色狼尾草作为主角，打造出与秋景花草相宜的别致混栽。五彩苏生长旺盛，容易破坏混栽的平衡，因此要常进行重剪并调整体量。

夏 到 秋

① 狼尾草
② 五彩苏
③ 洋凤仙

与不输夏暑般的热烈花色相组合

夏天的日光强烈，适合种植颜色明艳的花卉。比如公园花坛等处常见的百日菊和大丽花，根据不同的组合方式也能创造如此时尚的混栽。或是从边缘垂下的百里香和叶片尖细的薹草，营造出一种有节奏的效果。

① 大丽花
② 百日菊
③ 百日菊
④ 香雪球
⑤ 百里香
⑥ 薹草

巧妙地遮挡不想看到的东西

在小庭院中将人造物品与植物巧妙组合起来

随着越来越多的房屋拥有外部空间，庭院也变成更为开放，一定会担心周围投来的视线吧。另外在庭院营造时显得违和的室外空调机或垃圾桶等，也是想要遮挡的物品。如果不希望它们被看到，就想办法把它们遮挡起来。

对于小庭院来说，需要注意考虑如何以没有压抑感的设计来让庭院里的植物融为一体。用栅栏和墙壁来围合的话往往会不利于空气流通，因此，最好选择能让外面景观透进来一些的设计。

即使想完全阻挡视线，通风的百叶窗花格或间隔较窄的障眼围栏也是不错的选择。如果让植物攀缘生长，则会较容易融入庭院景观，作为花草的背景也有引人注目的效果。然而，请注意蔷薇等落叶植物在某些季节时的障眼效果较差。

在庭院里创建小墙（迷你墙）也很流行。这是遮挡周围景观以及制造庭院亮点的好方法，对于增添气氛很有用。

适合小庭院的遮挡法则

主要有两种方法来遮挡庭院中不想让人看到的物品。

对于小庭院来说，关键是通过植物和人造物品的巧妙组合来进行遮挡。

想把它遮起来！

室外空调机　垃圾桶

用**植物**进行遮挡
↓
需要一定的空间

树木

大型茂盛的常绿宿根植物等

用**人造物品**遮挡
↓
略显不自然

格架

凉棚

栅栏

室外空调机的盖子等

推荐给小庭院！

植物和人造物品

例如……
- 格架上攀附上藤本蔷薇
- 在室外空调机的盖子顶部装饰混栽的容器
- 在栅栏前创建一个花境花坛等

将用作遮挡的假墙漆成米白色，并悬挂了一个有氛围感的架子来固定小花盆。即使植物位于视线的高处，也能充分让人观赏，让时尚度提升。这也是一种便于进行浇灌等维护工作的方法。（齐藤宅）

用破旧又别致的白墙来遮挡
没有生机的滑窗窗框

如果自然色的木质围栏面积过大，往往会带来压迫感。栅栏上装饰着带框的混栽植物等物件，创造出生动活泼的效果。（栗原宅）

用植物来装饰大面积的木质围栏

柔化遮挡和观感的技术实例

通过将植物很好地组合起来，实现与庭院融为一体，并能巧妙地遮挡。

用7个吊篮来装饰煞风景的水泥板墙

水泥板墙如果就这样保持原状，往往会给人一种了无生机的观感。在吊篮中种植花草来进行装饰，犹如一幅装饰画，会将人们的视线吸引到精心组合而成的花草上，并使观感变得柔和。（Y宅）

攀爬在凉棚铁柱上的藤本植物

将植物直接缠绕在坚固的铁制凉棚柱子上是很困难的，但事先用麻布（这里使用的是包裹树根用的麻带）包裹的话，就可以实现在不损害植物，同时也能轻松地攀附。（近藤宅）

用格子状的双开式弹簧门来遮挡后院的入口

后院摆放着正在育苗的植物和空花盆，需要用主庭院遮挡起来。到腰部的双开式弹簧门并不妨碍出入，也遮挡住了视线。（近藤宅）

合理利用小物件作为庭院营造的要素

将与主题相搭配的小物件作为全场的亮点

为了用自己的方式欣赏小庭院，植物以外的物件也是重要的元素。只要在空间里装饰一些小物件，就能使一切变得不同。

例如石像等大型物体，应保持在视野中只存在一个或两个，以给人一种整洁的观感。例如锡壶等较小的杂货，选用相似观感的来装饰庭院，即可创造出统一的氛围。最近流行的是，在庭院中配置小件的家具或假墙，然后添加植物和小物件，创造出引人注目的亮点。

此外，浇水是培育植物时不可或缺的，为了使浇水更有趣，将供水系统也作为庭院的亮点来处理看看吧。一个设计时尚的立式水龙头理应能给每日的庭院劳作提供更多动力。

无论如何，选择与庭院主题相匹配的小物件和设计是很重要的。不过，如果只因为与庭院相配而导致元素堆积过多，可能会造成杂乱的观感，因此要多加注意。

灵活运用小物件的法则

这里有一些将小物件放置到庭院时的要点。
请记住这些适用于各式主题庭院的法则吧。

法则 1 与杂货的老化程度相匹配

与自然风庭院相得益彰的是那些看起来自然风化的、有点老旧的杂货。将全新的杂货故意剥落油漆或做锈，进行老化加工后再混合进同类中去，也不失为一种方法。

法则 2 限制基础色的数量

基础色

棕　绿
蓝
白　黑

所谓的"生态色"就是容易融入自然庭院的颜色，也就是有着素净的色调的，来自大地的棕色、来自植物的绿色和来自天空的蓝色。再加上可与所有颜色融为一体的万能的白色，以及不显眼的黑色，即是与自然风庭院相宜而没有违和感的基础色。

法则 3 营造以假乱真的效果

像舞台道具那样，为其设置虚拟背景，可以营造出故事感。比如装饰吊篮，或者配置容器。以同样的视角看待杂货和植物，将它们作为一种室外装饰，增加一份乐趣。

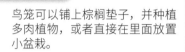

这是沿着通道放置的一个小木凳，坐在上面有点不牢靠，但很适合用来做花架。

看点

使用小件家具来创造固定位置以展示植物

看点

仅通过悬挂就能增添氛围的万能物件

用将鸟类吸引到庭院的喂鸟器（诱饵架）。使用较长的S形挂钩能很方便地调整高度。

鸟笼可以铺上棕榈垫子，并种植多肉植物，或者直接在里面放置小盆栽。

用小物件营造出看点的制作方法

以小物件的不同用法来让庭院更加时尚。从实例来寻找选法和用法的线索吧。

看点

用标牌和园艺插牌来吸引视线

可爱的猫图案标牌十分吸睛。与吊篮中有着银色叶和白色小花的香雪球也很相配。（米田宅）

带有鸡剪影的园艺插牌很酷。有品位的园艺插牌将成为鲜花稀少期的亮点。（近藤宅）

攀附着铁线莲等藤本植物的格架被设置在种植丛中。若是选择有着奢华观感的黑铁材质，就能降低压迫感，让植物自由生长。（近藤宅）

看点

以植物为主角的组合

看点

用独特的复古物件来收纳工具

对于庭院劳作所需的工具来说，若是选择时尚的款式，光是那样放着也会增添氛围感。而生锈的老旧工具是能够良好融入自然环境的物件。（齐藤宅）

打造时尚水景的创意

庭院的供水系统也是展示庭院亮点的一部分。
在此从醒目的鸟形水龙头等时尚水景的实例来展开介绍。

设置两个水龙头以兼顾时尚及实用

鸟形水龙头和锡桶有着增加复古感觉的作用。背景深处能隐约看见的是一个实用的软管用水龙头。通过设置实用和半实用的两个水龙头，兼顾了时尚感和实用性。（海蒂宅）

用杂货和家具演绎故事

将可爱的铜质蛙柄水龙头和令人能想到维多利亚时代的老旧厨房杂货组合起来。杂货的颜色以白色和蓝色为主调，以创造统一感。（齐藤宅）

以工业设计来赋予其实用性

如果重视软管的拆卸等实用性方面的内容，不妨选择有着工业设计的水龙头。其机械外观也与深棕色的木墙和接水区域相得益彰。（大谷宅）

装饰周围环境以配合水景的设计

白墙前设置了砖砌的立式水龙头。若将其与氛围相衬的壁架和吊箱稍加装饰，就能成为庭院的焦点。（A宅）

容器的接水器放置在花坛里也显得毫无违和感

安装在墙面上的水龙头下放置了一个大的赤陶容器来接水。将其放置在花坛里也毫无违和感，由于盆底嵌有碎石，因此也有助于缓和溅水。（I宅）

选择与自然环境融为一体的设计

枕木风立式水龙头的高度刚刚好，不用蹲低就能洗手。很实用又不会过于显眼，与庭院景观自然地融为一体。（栗原宅）

鸟池也可以作为装饰着花卉的舞台

供鸟儿洗澡的鸟池里漂浮一些过了花期的蔷薇类花朵，以营造吸睛的效果。盛放的蔷薇类花朵倒映在水面上，为整个空间增添了更多色彩。（栗原宅）

以铺装强调水景的存在感

铺装材料呈放射状铺设，凸显了简洁的立式水龙头。放置水桶，防止水花四溅，水满之后还可以用于浇灌，是比较合理的设计方式。（金子宅）

分隔空间，创造亮点

在深处的中庭里驻足，像是身处秘密花园般。与邻家的接壤处设置了手工搭建的砖墙，在照片中没有拍到的跟前处，利用格架等来分隔空间。

中庭

在比中庭高出一层的露台上，设置了一个凉棚。边界上设置了大型容器和缠绕着铁线莲的方尖碑作为点缀。根据不同的视角，可以欣赏到中庭的各种形态。

布置大量的角落，让庭院乐趣倍增

"拱门和凉棚可能是过大了……"会这样想吧。事实上，正是因为它是一个小庭院，所以建议有意识地进行立体的庭院营造。通过将庭院分成几个部分来创造场景的变化，实现超出实际空间的多样化利用。通过注重对树木和花坛的配置，就可以创造出一些令人心生欢喜的角落。

刻意挡住从大门到主庭院的视线也是一种乐趣。通过为园路制造曲折弧度，以格架和假墙来阻碍视线的方式，可以为前方的景色创造一种期待感。

同时也可以在庭院里创造斜坡或小台阶，为每个角落创造出不同的高差。这将使人能从不同的角度来观赏植物，享受新的面貌。

近藤宅是一个受欢迎的开放式花园，在有限的空间内设置了很多看点。以近藤宅的庭院为例，一起来看看划分空间的诀窍吧。

【近藤宅的概况】

庭院中有两处迷你楼梯，而从大门到玄关的通道（⇨ P47，P50~P51）、中庭和凉棚区都有不同的高差。弯曲的通路和花坛将空间分为几个部分，每个部分都创造出了独自的亮点。

庭院的全景

中庭
拱门和容器
主景树
格架和凉棚
半阴的园路

拱门和容器

从主屋一侧眺望，在玫瑰拱门下有各种色彩鲜艳的彩叶植物。穿过拱门往里走，左边是一段迷你楼梯，右边是一个凉棚区。通过创造曲线，即使是很短的距离，也能提高人们对下一个空间的期待感。

拱门下的独特容器也有吸睛的作用。这是一条分路，可以通过拱门或走向中庭。

主景树

将目光引向高处的主景树——山茱萸，具有柔和的观感，白色的花朵、秋天的果实和秋叶都能观赏。盛开的玫瑰花与树枝缠绕在一起，增添了一丝魅力。

半阴的园路

玫瑰攀附的凉棚下是一片柔和的树荫，为休息带来刚刚好的舒适感。华丽的铁制花架是主人的原创设计。它适度地掩盖了背景，同时为植物营造出立体的效果。

以凉棚和格架遮蔽的是一条秘密森林般的园路。如野甘菊、筋骨草、岩白菜和大吴风草的同类等，这些自古以来在日本早已被熟悉的植物多半生长在半阴处，也带来了湿润的风情。

花架和凉棚

从零开始规划庭院的方法

对庭院进行切分或设置高差以留意立体空间的创造

　　要想创造理想的庭院，光是想想的话则无法顺利进行。以创造喜爱的庭院为目标，第一步是归纳对于自己的庭院的意向。比如喜欢什么样的庭院，在什么样的庭院里能感到放松，以及能够付出多少时间和精力来维护，先慢慢地审视这些问题吧。

　　建议从大的框架着手，了解自己庭院的环境，如日照、面积和位置，看看能在庭院里实现什么，或是在庭院里放置什么物品会很有趣。也可以通过杂志或互联网等方式寻找中意的庭院。

　　确实存在一些可以有助于庭院营造工作的要点。然而，也不是必须始终遵守这些法则。究其根本，这是由于"喜爱的庭院"是因人而异的。此外，庭院的环境和能花在维护上的时间也是不同的。因此，规划的方式其实也是因人而异的。

以提出主题概念为始

想想看想要创造什么样的庭院。
最好提前思考在庭院中具体想做什么，以及庭院的目的，等等，
这样就可以作为将来对某些事情不确定时的指南。

创造喜爱的庭院

想要在充满绿色和杂木的庭院里被疗愈

想要尽可能地遮蔽与邻居家的边界

想要在洒落阳光的主景树树荫下品茶

想要放置一套桌子,在花季时与近邻一起同乐

想要随时都盛开鲜花的花坛

因为喜欢混栽,所以想要能够摆放容器的地方

想要拥有以蔷薇类花朵为主的庭院

平时不太能管理,所以较少的种植空间也行

规划庭院的流程

在决定了主题概念之后，建议画出一个设计图。
同时，还应该确认植物的管理方法和每个季节的维护内容，这样的话实际的庭院样貌也就一点点变得清晰了。

步骤 1

提前把握工作内容

◎ 了解日常护理

对于种植花草来说，日常护理是必要的，内容包括浇水、修剪残花、施肥和换盆等。若是树木的话还需要修剪和耙叶。考虑自己能承担多少工作，并将其反映在规划之中。

◎ 了解每个季节的工作

提前把握好整个年度将会开展的工作吧。通过预先确认当季特有的维护工作，如植物的种植、病虫害防治等，完成整年的计划。

步骤 2

试着描绘设计图

◎ 按实际比例绘制

测量庭院的实际尺寸并绘制设计图，规划也会更容易形成。比如绘制出种植树木的位置、花坛空间、路径等，这是一个让想象丰满起来的工作。先确认植物的习性和生长情况等，也会有助于确定合适的种植地点等事宜。

◎ 把愿望和现实结合起来

设计图应该基于主题概念，但也要考虑好能够花在庭院工作上的时间和精力，尽量画出一个更切实际的设计图吧。

步骤 3

试着搭建庭院的大框架

◎ 划定种植丛的空间

实际的庭院营造工作是从决定种植区域的位置开始的。装配花坛框架和挡土墙等，着手进行整理通道的工作吧，这样庭院的大致布局也会渐渐显现出来。

◎ 安装大型构造物

一旦决定了庭院的布局，就要开始安装大型物品，如栅栏和拱门等构造物、庭院家具以及石雕等。庭院将变成一个更加立体的空间。工作道具的放置处应该提前考虑。

◎ 进行配土

对作为种植区域的土地进行翻耕，并配制适合种植植物的土壤。如果需要土壤改良 (⇨P140)，可能会非常耗时，应将计划制定为几个月。

步骤 4

逐步填充大框架

◎ 选择和种植植物

决定要在庭院里种植的植物，并开展种植工作。关键是要想象着植物长大后的样子来种植。

◎ 用杂货和装饰品来增色

当庭院完工后，用时尚的小物件、小混栽等来为其增添色彩吧。不仅仅是装饰，还可以把不想展示的部分遮蔽起来，这也是必要的。

庭院营造建议

本页介绍了规划庭院的步骤，但实际上，庭院营造的方法并无对错之分。从一开始就进行细致的规划，然后逐步推进也可以，通过庭院营造一点点朝着理想的庭院靠近也可以。如果不确定从哪里开始，从创建小角落开始也是个办法。随着努力，应该就能找到自己处理庭院的方式。

那些漂亮庭院的主人是如何开展庭院营造工作的呢？
从下一页开始，将介绍两位主人从不同角度来规划的庭院营造方式。

不要忽视小空间

进深 15cm 并将停车场围起来的杂货庭院

（神奈川县·海蒂宅）

仅进深 15cm 的种植丛区域

种植的植物长得非常茂盛，甚至覆盖了砖块。虽然只有一点点的空隙，但这些植物牢牢扎根于土地，生长得正旺盛。

停车场铺设之前一般是用砂浆来巩固地基，此处选择了距离现有砖砌外墙 15cm 处来施工。也就是说，将这个空隙作为了地栽空间。

种植前

　　海蒂的园艺始于她装饰在前门的一个容器。她喜欢可爱的小物件和杂货，并喜欢用它们搭配植物一起有品位地布置。

　　"我接手了我丈夫工作时使用的相机，也开始拍摄照片。起先只是为了记录，但后来决定将它们上传到我的博客。"海蒂说道。于是，维护良好的植物和杂货的时尚照片吸引了很多人的注意，她也成了一个受欢迎的博客博主。渐渐地，她开始变得想要更多的空间，也想尝试种植更多的植物。

　　当时，前门外是一个看起来毫无生机的停车场，似乎不太能实现自然风庭院营造。因此，他们决定将其翻新为砖铺式地面。让他们下定决心的正是海蒂博客里的评论。

　　"我丈夫以前从未对庭院感兴趣过，但随着博客的读者越来越多，他也开始关心起来（笑）。"

　　他们想提前安装一些牢固的东西，并长期使用，于是将这个想法交给了施工人员来实现。为地栽预留的空间包括前门处的一个花坛，以及围绕停车场的一小块进深 15cm 的空间。完成种植之后，空间更加柔和，随着植物的生长，创造出了一个美丽的庭院空间，且乍看之下感觉不到实际那么小。

https://haizigarden.exblog.jp/

海蒂宅的庭院营造

把大工程交给了施工人员，进行了翻新。

根据车和人的动线，布置了主要的花坛框架。

停车场周围也同样地保留一定的无铺装空间以种植植物。

砖铺式地面呈现自然感

种植前

海蒂宅中蔷薇类植物开得正灿烂，包括前门边和主要的花坛中盛开的蔷薇类植物，实际上大多数都是在容器中栽种的。吊篮里还种植了微型蔷薇类植物。前门边的橙色蔷薇类植物十分吸睛，将人们的视线引到更高的地方，通过强调高差来创造空间的宽阔感。

挖掉原有的铺装，用混凝土巩固地基，然后用看起来比较自然的砖块来铺设。每块砖都有略微不同的色调，创造出一种温和的氛围。

前庭院的花坛选择了弧形的设计，以避免阻碍人和车的出入。

设置障眼围栏

由于靠近邻居的房屋，安装了障眼效果较好的、坚固稳定的围栏。尽管有一定的距离感，但万一遇到强风，也能起到一定的防护作用，让人安心。

确保宽敞的树木种植空间

种植前

一棵新栽的橄榄树苗。未来的生长值得期待。

"当空间有限时往往会容易选择不种树木，但正因为是小庭院，所以才要种植树木。"海蒂说道。对于创造自然的氛围来说，树木的存在是必不可少的。主景树是地栽的橄榄树，茂密程度适中，为庭院增添了立体感，也给人一种宽敞的感觉。

种植树木要预先留出宽敞的空间。"树木生长的空间自不必说，我们还想种植林下植物，营造更自然的感觉。"

通过重剪等勤加维护的方式来保持株型

所有植物的茂密程度适中，花境花坛呈现出绝妙的平衡。

随着从前部到后部，株高越来越高，营造出景深感。每株植物之所以都能悠然生长并保持平衡，是因为会对冗杂的部分进行疏枝疏叶，以及对平衡的植物进行重剪。这都是日常中勤加管理维护的成果。

在花坛的边缘，飞蓬菊盛开着许多可爱的花朵。

由于株型已经变得杂乱，所以果断将其截短了。因为是四季开花的品种，所以休息一段时间就会再次开花。

阳光不足的地带善用杂货来组合

在被橄榄树遮挡的地方，安装了一扇蓝色的假门。这是一种被认为放置在花园里精灵就会出入的"精灵门"。可以作为背景使橄榄树也更加突出。

提前准备要装饰的区域

将筋骨草的花盆抬起，可以看到赤陶砖和一个盆架。提前决定在哪里摆放，并按季节来更换当季盛开的花，这样的方法也更便于管理。这是在小庭院中绝对值得一试的好方法。

用容器来种植大而茂盛的植物

夏季强烈日光下的矮牵牛及其同类植物，虽然长势好而茂盛会令人开心，但在小庭院里却往往很难与其他植物保持平衡。不如改为容器盆栽的方式，让它们悠然生长。

经扦插或分株培育的低饱和色系矮牵牛与生锈的铁篮子正相配。

放置与品位相配的杂货
来创造统一感

时尚的小花盆被排列在入口前的展示架上。虽然排列很多各具特色的花盆常常会显得杂乱无章，但通过统一品位和控制颜色的数量，给人以干净清爽的印象。主题色调是蓝色，而容器的红色和莲花掌的酒红色则以反差色作为亮点。

海蒂宅的庭院里有很多漂亮的装饰品及时尚的花盆。正是因为她喜欢给庭院拍照，到处都是美如画的角落。与老旧杂货相配的多肉植物在小花盆中很容易生长，是很有用的植物。

不需要担心重量限制的安全挂钩

混凝土制成的假木头结实、牢固，不用担心会腐烂。然而，用钉子或用木螺丝固定却很麻烦。"安装过程中果断拜托施工人员，他们很快为我们安装好了挂钩。悬挂沉重的吊篮也纹丝不动，完全不用担忧。"

从内部来牵引

若是将绳子等物品直接捆在宽大的栅栏格条上，会比想象中还要引人注目。为了支撑植物而使用障眼围栏时有一些小技巧。答案就在背面。在栅栏格条的背面竖起支柱，把绳子系在从缝隙中探出的支柱上，使其不那么引人注目。

从背面看支柱

从正面看支柱

因管理维护而有趣

从零开始不断发生着变化的 DIY 庭院

·❦·❦·❦·❦·❦·❦·❦·❦·❦·❦·

（神奈川县·金子宅）

　　在那之前，金子一直很喜欢在她的住宅庭院里做园艺活。蔷薇类植物拱门非常惊艳，在附近地区也很有名。以乔迁新居为契机，她开始营造新的庭院。"我喜欢旅行，在我参观国内外不同的庭院时，开始考虑自己创造一个这样的庭院……"金子说道。抱着想用自己的双手创造一切的想法，她挑战了从零开始的庭院营造工作。"也许委托施工人员可以处理得整洁又美观，但我觉得那样的话就没有乐趣了。"

　　首先应对的是处理剩余土壤以及除草。建造房屋时挖出的剩余土壤被留下来用于庭院营造，但却被堆积了起来。这片土地在施工前是田地，土壤状况并不差，但杂草

砖块铺装的空间和正面的苗床相组合，给人一种下沉式庭院的感觉。左边堆了土，是一个呈现筑山风格的宿根和球根植物庭院。一年生植物可以放在庭院的前部，也可以种在容器里来供人欣赏。

金子宅位于一个路口转角处。右边照片里的西侧是前门，起居室在二楼的阳台下面。从面前的路边看过去，庭院被针叶树等植物所遮蔽，呈现出无法看见庭院内部的格局。

从前门边到庭院，迎接来客的是蔷薇类植物的拱门。

种植前

从车道一侧看到的施工前的庭院。剩余的土壤用蓝色网布覆盖着。

金子宅的庭院营造

将造房子剩余的土整平，接着整顿园路，设置正面的苗床，以及在前面的空地上建砖砌露台，一点点推进施工作业。在左前方小丘是用堆土架高的宿根和球根植物庭院。

小丘

小丘斜面挡土墙是用砖块或容器来构成的。白色部分是将浮岩铺在了种植球根植物的位置。

在除草和平整土地工作期间，该区域用蓝色网布覆盖，以保护其免受雨淋。

蓝色网布一点点被移除，种植工作终于可以开始了！

大约一年后，植物就能长得很好了。

开阔空间

地面经过平整和加固，并铺设防草布以防止杂草生长。

空间的中央部分是砖块，周边部分排列着较大的意大利火山岩和假树，以增加变化，这成了设计的亮点，使整个空间感觉更大。

丛生，不可能马上种出植物。"每天，日复一日，都在跟问荆（杂草）做斗争。我们挖出土壤，拔出问荆，将土壤堆成小丘……光是为了驱除问荆，就花了半年的时间。"

从起居室的窗户可以看到这个庭院，是按照她在国外看到的下沉式庭院风格设计的。一般来说，下沉式庭院是指设置在低一级的半地下位置的庭院，但在金子宅中却正相反，在其周围堆积了约40cm的土。从起居室或露台看过去，广场似乎低了一级，确实给人一种下沉式庭院的感觉。

至于砖头等材料，或是从老房子的庭院里搬运过来再利用的，或是在家居中心的卖场里边逛边找到的。比起细致地计划和准备，从能想到的地方开始一点一点处理的方式才是金子的风格。"事情大多不会按计划进行。比如当我出去买更多的材料，结果已经卖完了之类的（笑）。不过这也正是乐趣所在。现在状况良好的部分也可能会随着时间的推移而腐朽。那样的话，就计划重新翻新它们。我很期待这样一点点逐步改造我的庭院。"

pick up!

创建庭院的框架

园路

园路的砖砌铺装是在平整左边的小丘时完成的。"随着园路的建成,我觉得庭院的整体框架也完成了。"(金子女士)

随着时间的推移,园路也显露出独特的风格,同时也已经变得与周围的植物融为一体。而左边则是通过堆土来创建的宿根和球根植物庭院。赤陶容器有着作为挡土墙的作用。

园路从最初的两列砖块被重新加工成三列。独轮车经过时,脱轮发生的次数都变少了。

虽然是通过不规则堆积呈现的自然风,但在浅色石头和接缝的颜色搭配上,是经过再三斟酌的。

丰富房屋的外观

外部空间

种植前

这摄于正门前。配置了许多带斑的和青柠色等叶色明亮的植物,给人以轻盈的观感。中央的迷迭香大而茂密,很好地掩盖了从道路到前门的视线。萱草的鲜艳花色与窗台的橙色正相配。

这是从道路一侧看向苗床的景象。砖石的施工均由房屋主人自己完成。为了找到英国科茨沃尔德风格的石材,她常去家居中心,或是拜访专业人士。考虑到花坛的排水,有些地方还设置了排水孔,这也是一项大工程。

种植前

重要的宽敞空间

开放空间

"在参观了许多庭院之后，我觉得那些舒适的地方总是有着令人心情愉悦的开放空间。所以我想在我自己的庭院里也创造这样一个空间。"她独自努力地推进着庭院营造工作，包括夯实地面、铺设防草布、排列砖块……

易于观察和工作

苗床

将手头上现存的砖块或是从店里购入的中意物品组合起来。当土方量增加时，将挡土墙继续堆高也是一项有趣的工作。

种植前

苗床的设计使苗床高度刚好与人们坐在椅子上时的视线平齐。挡土墙所用的意大利火山岩和砖块出人意料地没有统一，而是将多少有些不同的物品组合在了一起。

这是从侧面看向苗床的景象。虽然是花朵稀少的时期，但绿色植物浓淡相宜，百日菊和鼠尾草等也为其增色不少。

在表土明显的区域种上核桃楸，营造出一种自然风的效果。

粉红色的美国薄荷和白色的华丽滨菊绽放，溢出小丘。朝向道路的藤本蔷薇类植物也开花了，让行人眼前一亮。

春

连接前门和庭院的园路入口处有一个蔷薇类植物的拱门，为这个季节增添了华丽的色彩。

"像筑山风格一样把土堆积起来，这一灵感来自北海道的'阳殖园'，在小山斜面上建造的美妙庭院。我还在这个小丘上种植了 100 多株球根植物。株高较短的植物往往会被埋没，但此处则是将球根植物放在略微仰视的位置，开花后看起来很不错。"（金子女士）

要像登山一样去维护是十分麻烦的。虽然乍一看并不明显，但此处修建了维护用的小路，作为立足之处。

维护

为了维持宿根植物庭院的美丽，还必须对过于茂盛的部分进行重剪或疏剪，良好的通风以及与其他植物的平衡很重要。像钓钟柳和华丽滨菊等宿根植物，在开花后应果断地截短。

初夏

在初夏时节的小丘上，美国薄荷仍生长着，紫锥花等植物也已开花。绿色的渐变非常美丽，此后也可以期待百合等夏季花卉的绽放。

3

制作与庭院搭配的物件

花坛和栅栏等对于庭院来说不可或缺的物件有很多，如果自己来 DIY 这些
物件，也会提高对庭院的喜爱度。
接下来介绍一些尽管是新手也容易尝试的物件制作方法和改造方法。
试着制作只属于自己的装饰物件吧。

迷你砖砌花坛

花坛是一个能让人享受当季花草种植乐趣的空间。
用迷你砖砌花坛来装饰庭院的一角吧。

随着季节的变换更换应季的花草，在有限的空间里让人感受到四季的更替便是花坛的魅力所在。

花坛根据制作的场所、大小、形状的不同会成为庭院的焦点，即使是小花坛也会成为装饰庭院的亮点。

砖砌花坛有自然朴素的氛围，是很适合西式庭院的元素。

试着把接缝变黑，制作出更自然的花坛吧。

记住砖的堆砌方法，还可以制作小隔板和烧烤炉等，这些方法也可以应用于其他的项目。

难易度	★★★★☆
制作时间	1~2 日
优点	确保种植空间，创造季节性空间，提升花园形象
安排	改变砖堆砌的高度、宽度等以适应空间。砖块的排列和堆砌方式可以应用于墙壁、烧烤炉等

需要准备的物品

[材料]

- **砖块 45 个**
  （高 50mm×宽 200mm×深 100mm）
- 沙
- 水泥
- 麦特罗斯
  （灰浆混合剂）
- 墨汁等

砖块

水泥

沙

墨汁

麦特罗斯

[工具]

· 制作材料	· 金属卷尺	· 水泥抹刀
· 木桩和板材	· 尺子	· 刷子
· 透明软管	· 铅笔	· 海绵
（冲水用）	· **搅拌用镐形锄头**	· 锤子等
· 水线	（小铲子也可以）	
· 水平仪	· 桶	

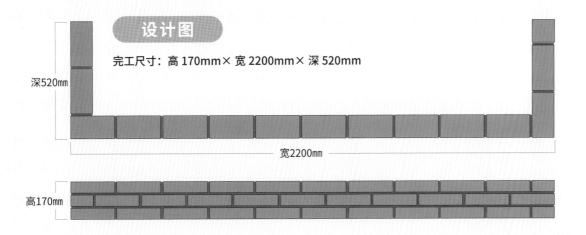

设计图

完工尺寸：高170mm×宽2200mm×深520mm

深520mm

宽2200mm

高170mm

步骤

① 立水平桩

在花坛侧面的位置临时放置砖块，并竖起用于保持水平的木桩。在大致相同的位置为另一侧也打上木桩。

② 用透明软管保持水平

往透明软管里倒水，用铁丝等把透明软管的一侧管口固定在一侧的木桩上，用铅笔在木桩上做水位标记。确认标记部分的水位不要偏离，另一根软管的管口也要沿着竖立在相反侧的木桩上标记水位。两根木桩标注的位置为水平位置。使用水和软管的水平取法称为"盛水"。

透明软管内水位水平

透明软管在地面上松动也没有问题。

③ 制作方法之铺上横板

根据制作方法确定花坛高度。首先，把板材做成横梁，顶部边缘与木桩上的水位标记对齐，然后用锤子轻轻敲打钉子，固定木桩。此时，在板材上放置水平仪测量水平即可。再立一根木桩，在板材上轻轻地钉钉子。

水位标记

轻轻钉钉子

要点 操作方法为作业结束后拆下的临时方法。钉子只要轻轻地钉住就可以了。

④ 制作方法之铺上竖板

用水平仪将板材垂直调平，调平后轻轻钉钉子固定木桩。花坛的另一侧也和③、④一样用相同的方式铺设板材。

⑦ 拉水线

按照制作方法最下面的记号钉钉子，把两端的水线固定好，然后用别针拉紧。

⑤ 制作方法之标记高度

此次花坛采用3层砖块堆叠而成，距地面170mm。这次，完工线在离地面170mm，从水位取水平位置下降140mm的地方。从完工线往下每隔60mm（50mm的砖高+10mm的接缝）做一个标记。以同样的方式在花坛的另一侧也做上标记。

— 水平位置

距水平位置140mm 以下为完工线

从完工线开始以60mm的间隔进行标记

⑧ 制作灰浆

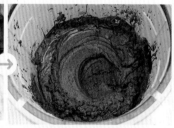

将水泥和沙按1:3的比例放入桶中，加入少量的麦特罗斯搅拌均匀。搅拌均匀后，加入墨汁和水，用铁锹等搅拌均匀，使其达到收缩的程度。每袋水泥（25kg）加入约20g麦特罗斯，墨汁约180mL。

⑥ 打造砖砌的地基

挖掘基础底板，使足够高（50mm以上）的沙浆流到砖的下方（基础）。用⑤中标注的方法做最下方的标记，以距离挖出的地面100mm的高度为准。

—100mm

要点
距离地面100mm的高度是制作方法中最下方标记的大致标准。

DIY 这里是要点

砖块的切割方法

为了增强砖的强度，在堆叠时，要各错开一半的位置。因此，有时会将1个砖块切成两半使用。在切割砖块时，使用建材市场上销售的名为"砖块切刀"的工具会很方便。

将砖块切刀与砖块成直角，用锤子轻轻敲打，即可形成筋条。换个砖面绕一圈，然后用锤子敲打砖块，即可切割砖块。不是用力敲一下就能一下子掉，一点一点进行才是干净利落切掉的关键。

⑨ 排列第一层砖

在步骤⑥挖土的地方倒入灰浆，用水线确认高度和水平的同时，每隔 10mm 排列 1 层砖块。用细的水泥抹刀更容易测量。

⑩ 用灰浆填满接缝

在砖块和砖块之间抹入灰浆。为了不让砖块错位，在侧面也抹上一层灰浆，直到砖块的一半左右的高度。第 1 层结束后，将水线按照第 2 层的标记重新拉伸。

⑪ 砌第 2 层砖块

在第 1 层砖块上抹灰浆，在用水线确认高度的同时堆砌第 2 层，和第 1 层一样，用灰浆填埋接缝。

要点
将砖块错开重叠。如果把接缝调整到比砖头凹陷 3mm 左右，则外观更好。

⑫ 砌第 3 层砖块

按照与第 2 层相同的要领，将第 3 层砖块叠起来。

⑬ 在内侧涂抹灰浆

为了增加花坛的强度，在花坛内侧的砖块上抹灰浆。

要点
用刷子刷涂内侧的灰浆，使其均匀。

⑭ 清除砖块上的污垢

用包括水在内全部拧干的海绵擦拭砖块上的灰浆，去除污垢。把砖块边缘多余的灰浆用刷子刷干净。

完成！

隔一晚上再放入土。

花坛设计的二三事

花坛的设计是自由地探讨适合庭院氛围的东西。

用于欣赏当季花草的花坛没有固定的风格。

用砖块和石头围起来，或设置低矮栅栏的花坛，是为植物而特别打造的舞台。即使在土壤面积较小的庭院里，也可以利用较大的容器来创造花坛般的空间。

砖块和木材是容易与自然花坛相匹配的材料。根据对庭院的喜好，铁栅栏等的组合也是一个十分推荐的选择。花坛的位置和大小应根据庭院的大小以及树木和建筑物的布局平衡来考虑。

最近，人们普遍认为只要有种植的空间就是花坛，不需要对小路或草坪等进行特别的划分。一起来欣赏不同风格的花坛吧。

将木材嵌入地面，在木材之间用砖块和意大利火山岩堆砌成花坛。因为没有使用沙浆，堆砌时不留缝隙是这种花坛的一个关键点。

砖瓦花坛

这是砖块的堆放方式有变化的花坛。由于这种花坛是用沙浆填充缝隙从而固定的，哪怕完成得比较粗糙也不会让人介意的设计对于新手来说很容易尝试。

在铺满碎石的小路边上嵌入砖块，以提供一个种植的区域。完成后整体平坦，不特地突出花坛。

即使是由砖块堆砌成的基础花坛，也可以通过改变砖块的铺设方式来制造出曲线形状。由于花坛的大小没有限制，可以根据实际场地情况进行自由定制。

木质花坛

这是用烤制过的木板竖直排列，像栅栏一样围起来的花坛。上面的部分随机做出一些高低差。

将柱状木材放倒形成一个木质挡墙。为了让混凝土和木材自然地融合在一起，将玉龙草种入两者之间的缝隙。

在没有土壤的地方可以设置由木材组装的箱子。如果 DIY 的话，因为可以自由地改变箱子的大小，种植的选择范围也相应变广。

石头花坛

这是由石板堆砌成的圆形花坛。由于石头的大小不同，石头的颜色也有一些微妙的渐变，从而增加了自然的质感。

石头被放置在边缘，用于挡住泥土。匍匐型植物从花坛里溢出，营造出一种野生的石草氛围。

通过排列和堆放石头来建造花坛。把大块的碎石压进土里固定住，与此同时只进行简单的排列也是可以的。

制作花坛的材料

这是用于花坛镶边的材料。花坛以外比如铺装道路（⇨ P88）或者庭院的空间分隔、烧烤架等也能使用。根据使用目的来进行挑选吧。

砖块

砖块是由块状的黏土经烧制或者压缩后通过阳光晒干制成的。棕红色的砖块一般来说最为常见，但白色或者米色、黑色、绿色等颜色种类也在逐渐增加。外国产的进口砖块或者旧建筑物拆解后再利用的砖块等，就这样直接使用也很有风味。在用火的地方选择耐火砖块，用于道路铺装的话就选择比较硬的砖块吧。

石头

在西式庭院的花坛中，有棱角的石头比圆润的鹅卵石更容易搭配。通常来说，石头的形状和大小各不相同，但也有比如块状石头那样形状均一的石头。较薄的石头容易用来堆砌花坛，也可以用作道路的铺设垫料。

枕木

枕木原本是支撑铁轨的木材，当它们老化变旧时就会被拿来回收再利用。因为使用的木材很有质感，所以经常被活用到庭院的建造中。保持原样的话有 2m 左右的长度，市面上也有售卖切短后的枕木，所以用于制作花坛的挡墙和栅栏等十分方便。因为有一定程度的耐久性，所以也推荐铺设道路时使用。

铺装道路

成为庭院小路或入户小道的铺装道路。
如果你学会了如何制作，可以自由地改变设计。

　　铺装道路是指铺装的人行道，庭院小路也是铺装道路的一种。

　　庭院小路是一边引导人一边提高对庭院的期待的项目，同时也有分隔栽植空间界限的作用。

　　这里介绍的铺装道路是放置砖块和枕木，用细沙土加固而成的。

　　砖块和枕木可以自由配置，配置的材料可以换成石头或瓷砖。

　　细沙土只需浇水即可固定，因此初学者也可轻松操作，打造出与自然协调的大地色。

难易度	★★★★☆
制作时间	2~3日
优点	在人行道、栽植空间与边界、庭院中增加深度，展现立体感
安排	材料的铺设方法可以自由进行。除庭院小路以外，还推荐用于入口或放置花园家具的空间等

用这里介绍的铺装方式进行施工的庭院小路（右）和入口（左）。随着时间的推移，会越来越有质感。

需要准备的物品

[材料]

- 枕木 4 根
  （高 150mm× 宽 200mm× 长 2100mm）
- 砖块 27 块
  （高 50mm× 宽 200mm× 深 100mm）
- 沙子
- 水泥
- 细沙土（风化花岗岩沙土）等

枕木

砖块

沙子　水泥　细沙土

[工具]

· 铁锹	· 桶
· 水线	· 搅拌用镐形锄头
· 水平仪	（小铲子也可以）
· 金属卷尺	· 铲子
· 撬棍	· 锤子
（小铲子也可以）	· 金属刷子等

设计图　完工尺寸：宽 620mm/830mm× 长 4600mm

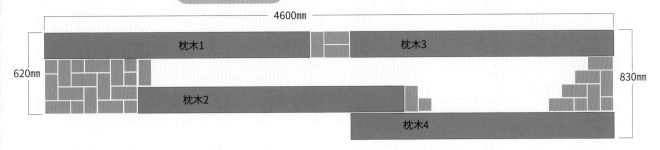

4600mm

枕木1　　枕木3

620mm

枕木2

830mm

枕木4

步骤

1 拉水线

在铺装道路预计的铺设长度两端竖起木桩等，根据地面高度将水线拉紧。水线的水平用肉眼观察确定就可以了。

2 挖土

挖去设计图中放置"枕木1"的地方的土。以水线深度180mm（枕木高度150mm+垫沙量30mm）为标准。

3 放置枕木

在挖掉土的地方放入沙子，沿着水线放置枕木。枕木左右移动，沙子也会跟着移动，之后便可以平整地放置。

要点
沙子的形状最好是山形，放置3处左右。由于枕木的重量可以让沙子跟着左右移动。

④ 固定枕木

在③设置的枕木下面再填满细沙土。为了防止枕木移动，在用脚支撑的同时，使用撬棍或铲子把沙子和细沙土填进去，使枕木下面没有缝隙地固定住。在枕木上放置水平仪，一边确认枕木放置是否平整，一边继续进行作业。

> **要点**
> 如果坐在枕木上一边施加体重一边进行，填满的沙子和细沙土会更加牢固。

⑤ 固定剩余枕木

剩下的 3 根枕木也重复②~④的操作步骤，用一样的方法固定住。

枕木3
枕木4
空出 3 块砖块左右的位置
枕木2
枕木1
空出 1 个砖块左右的位置

⑥ 夯实泥土

20mm

用脚踩踏夯实放有砖块和细沙土的部分。为了铺水泥，在暂时放置砖块时，要使其比枕木低 20mm 左右放置。

⑦ 暂时放置砖块

通过暂时放置砖块来模拟放置的效果。照片虽然是人字形（⇨ P93）的排列方式，但也可以根据喜好随意摆放。

⑧ 把水泥和沙子搅拌在一起

将水泥和沙子按 1:3 的比例放入桶中，搅拌均匀。

> **DIY 这里是要点**

手工制作水泥抹刀

便于平整泥土表面的就是长型水泥抹刀。虽然市面上很难找到，但可以用零碎材料等进行简单的手工制作而成。

只需在板材上钉上把手即可。比较关键的一点是，制作时用锯将板材的尖角切掉。这样在平整泥土时，可以平稳地移动，而不会卡住泥土。

⑨ 在砖块下面铺上水泥和沙子

移动暂时放置的砖块，将水泥和沙子混合后铺在放置砖块的位置。表面用水泥抹刀等工具进行整平。

要点
沿直线铺装道路时，在侧面设置用来对齐的板会更方便操作。

⑩ 排列砖块

在⑨的基础上排列砖块。在砖块上放置木棒、木板等，用锤子轻轻敲打，一边对齐高度一边固定。

要点
在⑧的水泥和沙子中加入水搅拌成灰浆，将灰浆刷在砖块的侧面，可以牢牢地将砖块固定住。

⑪ 填入细沙土

整体填入细沙土，用木板或水泥抹刀等将其整平。砖缝也全部填入细沙土。

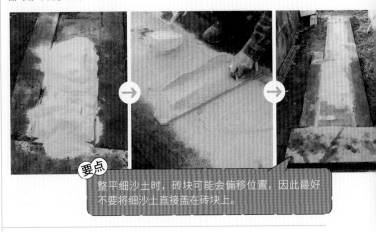

要点
整平细沙土时，砖块可能会偏移位置，因此最好不要将细沙土直接盖在砖块上。

⑫ 泼水

使用带淋浴喷嘴的软管向整体结构喷水。用水冲洗砖块和枕木上的泥土，最后用金属刷子清除枕木上的污垢。

完成！

水干了就可以了。盛夏的话第二天早上要再浇一次水，然后放置一天。

小路设计的二三事

短距离也能提高庭院的时尚感。

　　在庭院里设置的小路不必是长通道。即使只有 2~3m 的漂亮小路，也能营造出格外时尚的氛围。如果是短距离，可以选择直线，但如果还留有一定空间，可以做成曲线使庭院显得更有深度。

　　铺在地面上的砖块等材料被称为"铺装地板"。在建造小路上重要的是，在反复行走的过程中为了不让铺装地板下沉需要夯实地面。即便如此，如果想通过 DIY 进行挑战的话，只要用脚踩踏，或者用方木等夯实就足够了。多少有些变形的样子也别有一番风味。

　　想要用铺装地板做出图案或有规则排列时，先制作设计图吧。大致掌握好需要准备的铺装材料数量，作业起来会十分顺畅。

砖块小路

多用正方形砖块做出图案的小路。缝隙里填满碎石，绿植也一点一点冒出头。

沿着道路将砖块竖着排列，途中留出一个圆形的空地。把石子或瓷砖用灰浆填入，设计成方位盘。

从直线到稍微有点弯曲的道路，改变砖块的大小和铺设方式可以为步行增添一份乐趣。

铺设大小不同凹凸不平的石头，在露出泥土的地方铺上碎石子，使其与石头融为一体。

石头小路

按等间距排列方木的小路。虽然是稍微有点曲线的道路，但是通过向左右错开排列的方式，曲线的效果比实际效果更好。

木质小路

将四角形的地砖像拼图一样嵌入的小路。以枕木为主，在缝隙中摆放了瓷砖和石头。

按照台阶的样子配置经过烘烤加工的木材。缝隙里留下原本的泥土，等待绿色的草坪慢慢生长。

用坚硬的泥土铺路，随机放置圆形石板。摆放时特意让石头超出原本的道路位置，使小路"动起来"。

为了引导到庭院的深处，在以草坪为主的庭院中曲线状地配置了带有主题的石板。

砖块的排列方式

如果用砖块铺设小路的话，也要注意砖块的铺设方法。传统模式包括以下几种方式。

横向形

纵横交错形

半纵横交错形

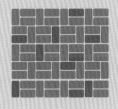

人字形

圆形

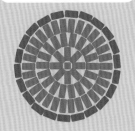

防草布的铺设方式

在庭院营造的规划阶段考虑使用防草布的场所。

　　无论是多么喜欢的庭院，如果除草变得困难的话，在庭院里进行其他活动也会感觉到负担。在建造花坛和小路的阶段，考虑将防草布也很好地放入其中吧。

　　在铺碎石子的地方，为了避免杂草从碎石缝里长出来一定要铺设防草布。在栽植区域也是一样，如果在防草布上开孔进行栽植，对杂草的处理会变得容易很多。但是，藤本植物等从茎伸长的地方开始生根成长的类型，以及地被植物等在地面上匍匐生长的植物，防草布反而会妨碍它们的生长。掌握植物的特点，探讨可以用防草布的场所吧。铺上防草布，种植植物之后，可以放置碎石或木屑等覆盖材料来隐藏防草布。

需要准备的物品 ✦

[工具]
· 锤子
· 美工刀或剪刀等

防草布　　U形固定钉　　压孔

[材料]
· 防草布
· U形固定钉
· 压孔等

步 骤

1 整平地面

清除掉石头等，整平将要铺设防草布的地面。

2 展开防草布

将卷在一起的防草布边滚动边展开，剪出所需大小。

3 从边缘开始钉入U形固定钉

确定好防草布的位置后，首先在防草布的角上用U形固定钉固定住。

要点

连接两张防草布时，把边缘重叠起来钉上U形固定钉。防草布要重叠得很牢固，以免露出地面。

④ 用 U 形固定钉固定防草布整体

把防草布整体用U形固定钉固定住。

要点

以 30~50cm 的间隔固定防草布，以免被杂草顶起。

⑤ 根据突起物尺寸打孔

有排水箱等时，用美工刀或剪刀等剪切防草布。尽可能不留缝隙地剪裁。

⑥ 切取部分也固定住

把切下的部分也用 U 形固定钉固定住。

种植植物的情况

① 在防草布上开孔

确定种植位置后，根据花盆的大小，用美工刀或剪刀等剪切防草布。为了减少露出的地面，孔的大小最好比花盆更小一点。

② 挖掘地面

为了种植植物，将孔的位置的土挖出。

③ 种植株苗

像往常一样种植株苗。因为防草布能够渗水，所以可以从植物根部或者防草布上方进行浇水。

DIY 这里是要点

防草布和固定钉的挑选方法

防草布可以在建材中心等地方购买，但价格多种多样。价格便宜的是聚丙烯产品，通常使用寿命较短。使用年限短意味着重新铺设的频率变高。从长远来看，即使价格稍微高一些，选择聚酯纤维织造较密的产品更加安心。固定防草布的固定钉与防草布是分开销售的。通常使用 U 形固定钉的双钉型，但如果地面上有很多石头，则单钉型更容易打入。根据地面的状态来选择吧。

木质围栏

木质围栏便于挡住视线。
改变木板颜色，庭院的形象也随之焕然一新。

　　木质围栏是私人庭院进行视线遮挡的有效单品。

　　不仅可以遮挡来自街道等地的直接视线，相反地还可以通过遮挡，避免看到外界多余的事物，以此来保持庭院的私密性。

　　如果安装挂钩等，不仅可以把物品悬空进行收纳，还可以挂上吊篮等来做装饰。

　　仅需一个围栏即可灵活运用，只要改变板子的颜色和材质，就能使庭院形象焕然一新。

　　如果亲自手工制作大的物件，也会更加喜爱。

　　一起来制作可以放置在庭院角落的 L 形木质围栏吧。

难易度	★★★☆☆
制作时间	2~3 日
优点	遮挡视线、收纳、装饰墙、庭院形象塑造
安排	改变木板的颜色、高度、宽度等，或制作成 L 形或单面围栏

需要准备的物品 ✦

柱子　板材　横木　连接用方材

[材料]

- 柱子 4 个（宽 60mm × 长 1800mm）
- 长边用板材 9 个（高 15mm × 宽 90mm × 长 2400mm）
- 长边用横木 1 个（高 5mm × 宽 90mm × 长 2430mm）
- 短边用横木 1 个（高 15mm × 宽 90mm × 长 600mm）
- 短边用板材 9 个（高 15mm × 宽 90mm × 长 600mm）
- 连接用方材 1 个（边宽 30mm × 长 1050mm）
- 不锈钢螺丝（75mm）8 个
- 不锈钢螺丝（45mm）93 个
- 室外用防腐涂料
- 碎石（地基材料）
- 沙子
- 水泥
- 沙砾等

不锈钢螺丝

碎石

沙子　沙砾　室外用防腐涂料

水泥

[工具]

・金属卷尺	・桶
・挖洞用小铲子	・冲击起子
（铁锹、镐形锄头也可以）	（电钻、螺丝刀也可以）
・红色铅笔	・铲子（小铲子也可以）
・方形水平角尺（尺子也可以）	・水平仪
・刷子	・水线等
・搅拌用镐形锄头（小铲子也可以）	

> **DIY 这里是要点**
>
> ## 木材的准备方法
>
> 　　可以在建材市场购买木材。如果告知对方所需木材的大小和数量，就会按照需求提供。
>
> 　　为了能正确传达给店里的人，推荐画设计图，就算是简单也没关系。在画图的时候也把尺寸标注上吧。对自己的设计图没有自信的时候，如果想制作什么样的东西可以向店里的人咨询,对方就会给予建议。好好利用这项服务吧。

设计图

完工尺寸：高 1400mm × L 形长边 2400mm × L 形短边 600mm

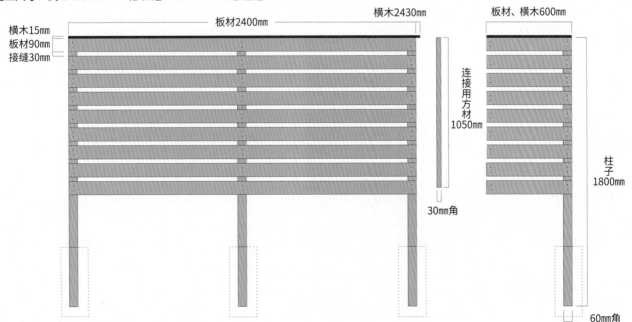

横木 15mm
板材 90mm
接缝 30mm

板材 2400mm　横木 2430mm　板材、横木 600mm

连接用方材 1050mm

30mm角

柱子 1800mm

60mm角

步骤 ✦✦

① 在木材上涂防腐涂料

在使用的所有木材上用刷子涂室外用防腐涂料，然后晾干。

要点
> 涂抹时不遗漏小面。

图1

120mm

板宽90mm+接缝30mm

400mm

从上端开始，以120mm的间隔（板宽90mm+接缝30mm）做8个记号

在距离下端400mm的位置（埋在地面上的部分）打上记号

② 在柱子上标注记号

在柱子上贴板的地方和埋入地下的位置用红色铅笔标注记号（⇨ 图1）。

③ 在板材上标注记号

在打螺丝的位置用红色铅笔标注记号（⇨ 图2）。

在距离端部1200mm（板材中心）的位置，上下各距30mm的位置标上打螺丝的记号

在距离端部30mm的位置，在距离上下各30mm的位置标上打螺丝的记号。另外一端也同样地标上记号

图2

30mm
30mm
30mm
长边用板材2400mm
30mm
30mm
30mm

1200mm

柱子（60mm角）的中心

30mm
30mm
短边用板材600mm
30mm
30mm

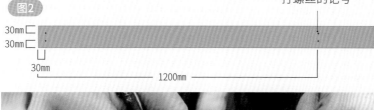

⑧ 在两端立两根柱子

在其中一头的洞里放入少许灰浆，立起柱子。一边调整柱子的高度使其 400mm 处的记号与地面对齐（这里指露台的地面），一边将灰浆倒入洞中至洞深一半左右的位置使柱子立起来。也用同样的方式立起另一根柱子。

④ 确定安装位置

用卷尺测量宽度 2400mm，确认长边两端和中心立柱的位置。

⑤ 挖洞

挖出 3 个柱子用的洞。因为这次要把柱子埋进 400mm，所以加上放入地基材料所需的空间，需要挖出距离地面 500mm 深的洞。

要点
边确认深度边挖。使用铲子容易使洞口的直径变大，但是为了避免周围洞口的土坍塌，尽可能地缩小洞口直径。

⑨ 将柱子竖直

在两端立起的柱子的外侧轻轻钉上钉子并在钉子上系水线，先通过目测将高度调整对齐之后拉紧水线。将水平仪放在柱子的侧面，用双手调整至垂直（角度）。

要点
若将水线尽可能贴紧使其通过柱子的一头，会更容易确定柱子的高度和位置。

⑥ 把洞底夯实后放入碎石

用棍子等压实洞的底部。然后，铺入 100mm 深的碎石。

> **DIY 这里是要点**

关于灰浆的处理

如果有灰浆或混凝土残留，处理起来会很困难。基本按照各地的垃圾处理方法进行处理，但根据处理量和地区不同，也有作为工业废弃物进行收费处理的情况。所以制作灰浆的时候即使很麻烦也要一边观察情况一边少量地制作，如果不够再每次少量地进行添加比较好。最后最好是把它使用完。

在制作结束后，应立即用水清洗水泥抹刀、桶等工具。如果长时间放置水泥会凝固，导致工具无法再次使用。

⑦ 制作灰浆

将水泥和沙子以 1 : 3 的比例放入桶中搅拌均匀。搅拌均匀后倒入水，用搅拌用铁锹等搅拌均匀。一边观察情况，一边多次少量地放入水，使其达到可以舀起来的状态。

⑩ 立中心柱子

在中心的孔中也同样放入灰浆，然后与垂直的两端的柱子对齐高度和位置立起柱子。

⑪ 铺最上层的板材

将柱子与板材的上部、两端对齐，在标注记号的位置打上不锈钢螺丝（45mm）。首先，在 3 根柱子中，只对两端的两根打螺丝。打螺丝的时候，要把板材的边缘对齐。

> 要点
> 在使用螺丝刀之前，用手把螺丝前端稍微按进板材，这样更方便操作。

⑫ 铺最下层的板材

把板材的上部对准柱子最下方的记号，在两端的柱子上打上螺丝。

> 要点
> 将柱子与板材的侧端对齐。如果无论怎么对齐边缘都不吻合，就要重新调整孔内的灰浆量，使所有板材的边缘对齐。

⑬ 铺上剩下的板材

从上到下依次铺上板材。按照柱子上间隔 120mm 的标记对齐板材的上部，在两端的柱子上打上螺丝。

⑭ 中间的柱子上也钉上螺丝

中间的柱子也要在标记的位置上打入螺丝。制作出这样一面围栏之后等待固定柱子的灰浆自然干透。如果不需要做 L 形而只需要这样的单面围栏的话，可以直接跳到步骤⑲。

⑮ 安装连接用方材

在单面围栏的一边打入不锈钢螺丝（75mm）将连接用方材固定住。将上下与正中间 3 个位置固定。

⑯ 挖洞

在距离连接用方材 600mm 宽并呈 L 形的位置，按照⑤～⑥步骤的要领挖洞，并放入碎石。

17 立柱子

按照 ⑦~⑧ 步骤的要领将灰浆倒至洞深一半左右的位置，竖起柱子。在用水平仪测量的同时调整柱子，使之垂直立住。

18 铺板材

在连接用方材和步骤 ⑰ 制作的柱子上贴板。将单面围栏侧的板材和步骤 ⑰ 的柱子上标注的记号对齐，打上不锈钢螺丝（45mm）。

要点
将最上面和最下面的板材张贴之后再张贴中间剩余部分。确保板材的边缘紧密对齐。

19 加上横木

在柱子上放置横木，用不锈钢螺丝（75mm）固定住。

要点
L形的连接部分为了能让角的位置对上，最好用短横木来切割调整。

20 制作混凝土

将水泥、沙子、沙砾以 1:3:6 的比例放入桶中搅拌均匀。搅拌均匀后，加入水，再用铲子等进行搅拌，直至全部搅拌均匀。

21 固定柱子

在洞中倒入混凝土，固定柱子。把混凝土压实，然后再次倒至地面的高度。

22 用灰浆进行收尾

在混凝土上铺灰浆，用抹刀等将其调整成山形。

要点
为了排雨水，收尾时最好让灰浆高出地面。

完成！

立柱栅栏

立柱栅栏是一种简单的栅栏，
根据排列方法的不同能让使用范围变宽，是十分受关注的物件。

将少量柱子和横梁进行组合的立柱栅栏，虽然不像围栏那样能够很好地遮住视线，但希望最低限度地使用线形或以保护栽植区域等为目的时十分适用。

对于枝叶柔软的植物，水平的细横梁会与之产生美丽的对比。

另外，如果改变横梁的尺寸，可以做成长椅或小装饰架，也可以用挂钩吊起物品。

由于使用材料不同，印象也会相应产生变化，所以在这里分别介绍木质和铁棒立柱栅栏这两种类型。

木质立柱栅栏

铁棒立柱栅栏

难易度	★★★☆☆
制作时间	各1日
优点	确定与外部的边界线，划分区域，确保栽植空间
安排	改变高度、宽度等尺寸，把横梁拉长作为长椅，增加横梁数作为围栏

木质立柱栅栏

柱子　　　　　板材　　　　　横木

需要准备的物品

[材料]

- 柱子 3 根（边长 60mm× 长 800mm）
- 板材 1 个（高 15mm× 宽 50mm× 长 2400mm）
- 横木 1 个（高 15mm× 宽 90mm× 长 2440mm）
- 不锈钢螺丝（45mm）18 个
- 室外用防腐涂料
- 碎石（地基材料）
- 沙子
- 水泥
- 沙砾等

碎石

室外用防腐涂料

不锈钢螺丝

[工具]

· 刷子	· 冲击起子（螺丝刀也可以）
· 方形水平角尺	· 水桶
（尺子也可以）	· 搅拌用镐形锄头
· 红色铅笔	（小铲子也可以）
· 挖洞用铲子	· 铁铲（小铲子也可以）
· 金属卷尺	· 水平仪等

沙砾

沙子

水泥

设计图　　完工尺寸：高 515mm× 宽 2440mm

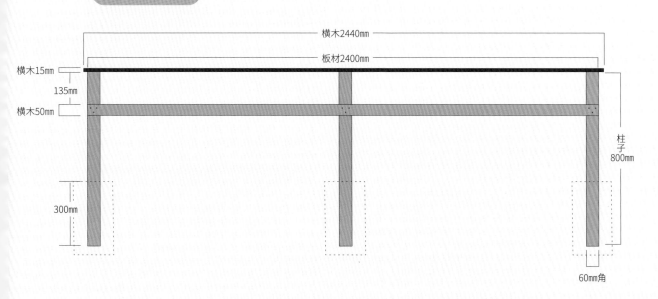

横木2440mm

板材2400mm

横木15mm

135mm

横木50mm

柱子 800mm

300mm

60mm角

图1 柱子

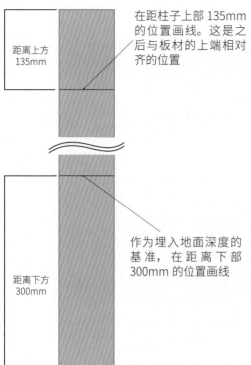

距离上方 135mm

距离下方 300mm

在距柱子上部 135mm 的位置画线。这是之后与板材的上端相对齐的位置

作为埋入地面深度的基准，在距离下部 300mm 的位置画线

图2 板材

柱子宽度60mm

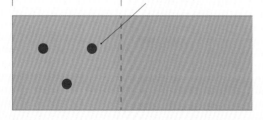

在板材边缘计划好柱子的位置，打上 3 个螺丝。板材的中央和另一端也是同样的操作

图3 横木

20mm

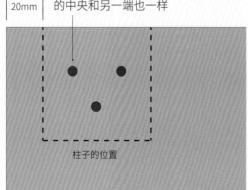

柱子的位置

考虑柱子的位置，在距离横木一端 20mm 的位置上标注 3 个记号。横木的中央和另一端也一样

步骤

① 将木材涂上防腐涂料

在使用的所有木材上用刷子涂室外用防腐涂料，然后晾干。

② 在柱子上标注记号

在柱子上将安装板材的高度、埋入地面的位置，以及在板材和横木上打螺丝的位置逐一标记好（⇨ 图1 图2 图3）。

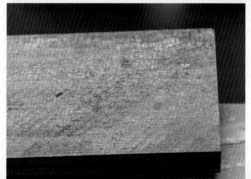

③ 装配木材

先用不锈钢螺丝（45mm）固定柱子和板材，然后再组装横木。

将横木和柱子的侧面对齐安装。

要点

④ 挖洞

挖出 3 个立柱子用的洞。此次因为要将柱子埋入地 300mm，所以需要挖出距地面 400mm 深的洞。

⑤ 把洞底夯实，放入碎石

用棍子等戳住洞的底部按压实之后，放入碎石至距洞底 20~30mm 的位置。

DIY 这里是要点

可以先组装再进行安装的物品

　　木质围栏（⇨ P96）等大型物件大多要先竖起柱子再进行组装，但安装小栅栏等，将制作好的成品直接插入洞中固定更加简单。如果是在平坦的地面上操作，柱子和横梁也能固定得笔直，组装起来就很方便。

　　制作标准是栅栏组装后能否自己立住。这里介绍的立柱栅栏的宽度为 2400mm 左右，如果是长度超过 2400mm 的情况，可能先竖起立柱更好。

⑥ 制作灰浆

将水泥和沙子以 1∶3 的比例放入桶中搅拌均匀。搅拌均匀后倒入水，用镐形锄头等搅拌均匀。一边观察情况，一边少量多次地放入水，使其达到可以舀起来的状态。

⑦ 立柱子

在洞中倒入 50~100mm 高的灰浆，竖起立柱，使柱子上的 300mm 位置的记号与地面高度对齐（此处为露台的地面）。把 3 根柱子调整到同一水平。

把 300mm 位置的记号和露台的地面的高度对齐

⑧ 用混凝土固定柱子

在桶中将水泥、沙子、沙砾按 1∶3∶6 的比例混合，加入水。用铁锹搅拌均匀，制成混凝土。往洞中浇注混凝土至地面高度，固定柱子。

⑨ 使用灰浆收尾

在混凝土上浇灰浆做成山形。

✦ 完成！

烧制方桩

室外用防腐涂料

铁棒用油性涂料

铁圆棒

水泥

沙子

沙砾

铁棒立柱栅栏

需要准备的物品

[材料]

- 烧制方桩 3 根（边宽 45mm× 长 910mm）
- 铁圆棒 1 根（直径 9mm，长 2000mm）
- 铁圆棒用油性涂料（喜欢的颜色）
- 室外用防腐涂料
- 沙子
- 水泥
- 沙砾等

[工具]

- 刷子
- 方形水平角尺（尺子也可以）
- 红色铅笔
- 挖洞用铲子
- 金属卷尺
- 冲击起子（电钻也可以）
- 锤子
- 桶
- 搅拌用镐形锄头
  （小铲子也可以）
- 铲子（小铲子也可以）等

设计图   完工尺寸：高 500mm× 宽 2045mm

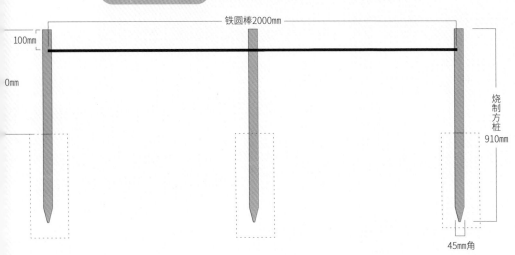

铁圆棒2000mm

100mm

0mm

烧制方桩910mm

45mm角

步骤

① 将铁圆棒涂上涂料

在铁圆棒上有锈迹的情况下，先使用除锈剂去除锈迹后再涂上涂料。如果是室外用的油性涂料，可以选择自己喜欢的颜色进行涂装。

② 将烧制方桩涂上防腐涂料

在 3 根烧制过的方桩上涂室外用防腐涂料。

③ 在方桩上标注记号

在方桩上标注铁圆棒穿过位置的记号。在距方桩顶部 100mm 的位置用红色铅笔标记（⇨ 图1）。

> **要点**
> 在方桩上标注记号时先将 3 根方桩的一头对齐，一次性一起标注记号，这样就会避免错位。

图1

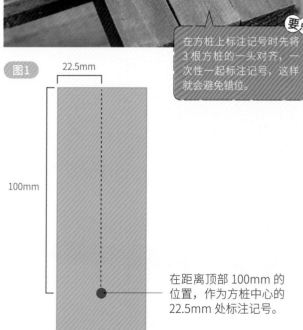

22.5mm

100mm

在距离顶部 100mm 的位置，作为方桩中心的 22.5mm 处标注记号。

④ 在方桩上钻孔

用螺丝刀在方桩上钻孔。其中 1 个孔将方桩贯穿，另外 2 个穿到方桩一半深度的位置。贯穿孔的时候垂直打尤其重要。如果从两端往中间分别各打一半会更容易干净利落地打通。

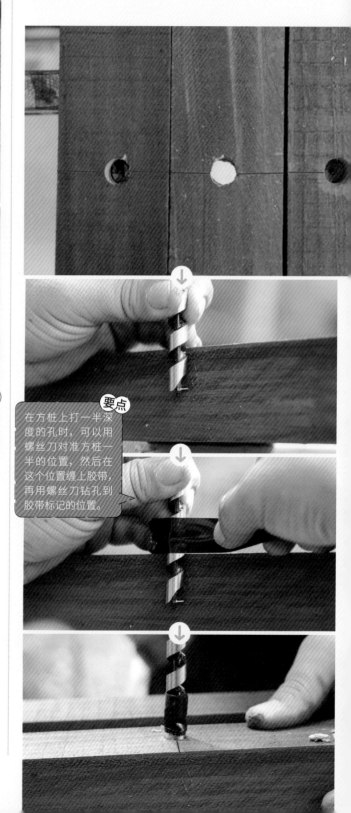

> **要点**
> 在方桩上打一半深度的孔时，可以用螺丝刀对准方桩一半的位置，然后在这个位置缠上胶带，再用螺丝刀钻孔到胶带标记的位置。

⑤ 在铁圆棒的中心位置标注记号

在铁圆棒的中心 1000mm 的位置，同时距离此处左右 22.5mm 的地方用红色铅笔标注记号。左右的标记是固定方桩的位置。

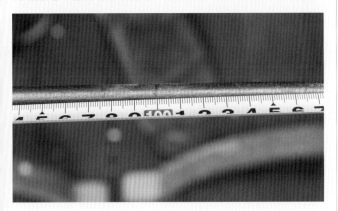

⑦ 插入方桩确定高度

首先确定中心桩的高度，然后调整两端桩的高度与之持平。用金属卷尺测量出离地面 500mm 的高度，再用锤子等敲打方桩调整高度。

⑥ 决定好安装位置后打洞

将铁圆棒穿过方桩，临时放置在想要安装的地方。确定位置后打 300mm 深的洞。

⑧ 用混凝土和灰浆固定

首先，在桶中制作混凝土（➪ P101），然后往洞中浇注混凝土至地面高度，固定方桩。接着制作灰浆（➪ P106），在混凝土上盖灰浆形成山形。

完成！

另外，使用细木桩和铁棒加工至 150~200mm 的高度，即可成为区分通道和栽植区域的时尚单品。在这种情况下，不使用灰浆，只是插在土里也是可以的。

软管收纳

经常使用却不能一直放在外面的软管，用便于存取的收纳方式来巧妙地隐藏吧。

　　用软管浇水是庭院作业中不可缺少的工作。

　　因此，虽然希望软管能够易于取出，但如果原封不动地这样取出，那么漂亮的庭院将会化为乌有。

　　虽然也有卷绕软管的软管卷轴，但卷绕作业是需要力量的作业。如果有容易取出、也容易收回的软管收纳的话，浇水也能很快完成。

难易度	★★☆☆☆
制作时间	3 小时
优点	可巧妙地收纳软管，不破坏庭院的氛围
安排	选择适合庭院气氛的花盆

需要准备的物品 ✦

[材料]

· 大号陶土花盆

（直径 520mm，高 460mm）

· 沙砾等

[工具]

· 圆盘研磨机

· 小铲子

· 水平仪等

大号陶土花盆

沙砾

步骤 ✦

① 切割花盆

使用圆盘研磨机将大号陶土花盆切割至 200~300mm 的高度。

② 确定位置

将切割后的花盆盖在洒水栓上，从上面按着旋转决定位置。

③ 打洞放入花盆

在放置花盆的位置打 50mm 左右深的洞，然后放入花盆。用小铲子将打洞时挖出的土放回洞中，将花盆埋住。用棍子等戳进土中，把土夯实。如果有水平仪，可以使用水平仪调整至水平。

④ 铺上沙砾，连接软管

铺上沙砾用以隐藏洒水栓周围的泥土。用接头把水龙头和软管连接起来。

✦ 完成！ ✦

只要把软管卷起来放进去，就能很容易地隐藏起来。如果大号陶土花盆难以驾驭，也可以使用陶土风格的塑料花盆。

鸟笼灯罩

难易度	★★☆☆☆
制作时间	各1日
优点	隐藏照明设备，点上有气氛的灯
安排	制作鸟笼灯罩所需的鸟笼，挑选自己喜欢的仿真绿植

波点水管灯罩

庭院灯灯罩

让照亮夜晚的庭院灯更加可爱的灯罩。

在明亮的阳光下，阳光透过树木，使庭院非常漂亮，但是晚上在灯光照射下的庭院又会展现出不同的风情。

树木的形状和轮廓等，能让人感受到自然感，这也是灯火通明的庭院的魅力所在。另外，昏暗的庭院与白天的样子又有所不同，能给人一种治愈的感觉。

接下来介绍两种能够融入自然，在白天也显得十分可爱的庭院灯灯罩。

鸟笼灯罩

鸟笼

泡沫塑料板

聚氯乙烯板

室外用涂料

仿真绿植

庭院灯组

化妆沙

需要准备的物品

[材料]

- 鸟笼
- 泡沫塑料板（厚 10~20mm，鸟笼底部的大小能够切取两张的量）
- 聚氯乙烯板（或 PVC 板，厚 2mm，宽 50~80mm，长为鸟笼的圆周长加 20mm 左右）
- 室外用涂料（聚氯乙烯板涂装用）
- 仿真绿植（喜欢的产品适量）
- 庭院灯组（LED 灯，12V）
- 化妆沙等

[工具]

- 泡沫塑料用切割刀（美工刀也可以）
- 马克笔
- 剪刀
- 尺子
- 钳子
- 小铲子 等

顺序

① 用泡沫塑料制作底部

在泡沫塑料板上沿着鸟笼的底部标注记号，按照内径尺寸剪切。一样大小的制作两张。

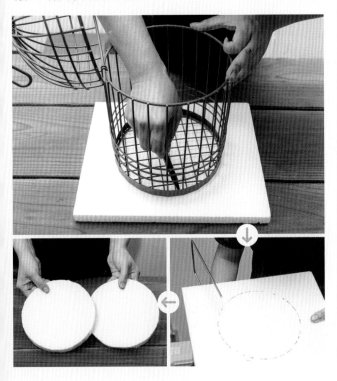

② 用 PVC 板（聚氯乙烯板）制作外壳

为了遮住鸟笼的下部，将 PVC 板剪成适当大小，在其中一面涂上室外用涂料。

③ 制作灯台

在步骤❶中切割的泡沫塑料板的其中一张上沿着庭院灯组的底部标注记号，剪切成灯的形状。

> 灯线通过的位置也不要忘记剪掉。

要点

④ 在 PVC 板（聚氯乙烯板）外壳上打出灯线孔

往鸟笼里放入 PVC 板外壳、圆形泡沫塑料板、庭院灯组。在 PVC 板外壳上灯线通过的位置标注记号，用剪刀剪去。

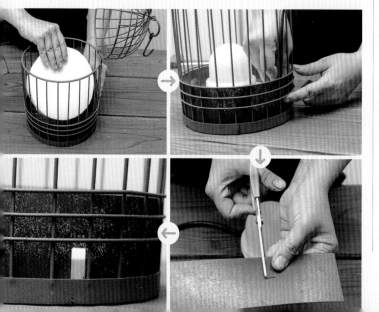

⑤ 设置灯组

在圆形的泡沫塑料板上叠加切割成灯形的泡沫塑料板。把灯线从鸟笼的内侧穿出，镶上灯组。

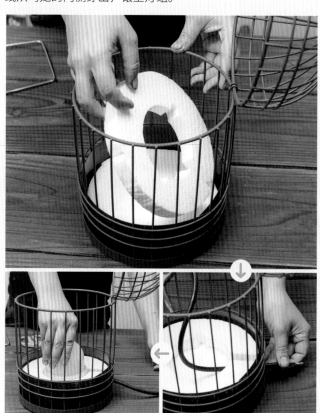

DIY 这里是要点

使用庭院灯组时的注意事项

选择 DIY 安装室外灯时，因为 12V 的产品只需要比较简单的操作就能安装，所以请选择这种不需要电气工程师也能安装使用的产品吧。由于是安装在庭院中的设备，因此要选择室外用、灯罩不易发热的 LED 灯也很重要。

从灯中延伸出来的灯线要连接到带插座的变压器上。仔细阅读变压器的说明书之后再进行连接吧。即使是初学者也不会觉得困难，所以没关系。

变压器内置定时器功能和照度传感器，使用非常便利。

⑥ 装饰仿真绿植

将人造仿真绿植剪成适当的大小，同时以包围整个鸟笼的方式插入泡沫塑料板中。

要点
绿植底部呈放射线状，装饰成包围整个鸟笼的样子。

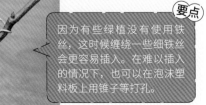

要点
因为有些绿植没有使用铁丝，这时候缠绕一些细铁丝会更容易插入。在难以插入的情况下，也可以在泡沫塑料板上用锥子等打孔。

⑦ 加入化妆沙

放入化妆沙把泡沫塑料板隐藏起来。一边用手指按压，一边放入，使其均匀。

✦ 完成！ ✦

将放在鸟笼外面的灯线按照说明书中的说明连接到电源上。

波点水管灯罩

需要准备的物品

水管

室外用涂料

园艺灯组

[材料]

- 水管（LP 管，薄型排水用 PVC 管）
- 室外用涂料（聚氯乙烯板涂装用）
- 园艺灯组（LED 灯，12V）等

[工具]

- 金属卷尺
- 马克笔
- 钳子
- 冲击起子等
- 聚氯乙烯板用锯子
- 刷子
- 钻头（冲击起子装配用）

步骤

① 切割水管

从水管的末端开始用金属卷尺量出自己喜欢的高度，然后用聚氯乙烯（PVC）板用锯子切割。

> **要点**
> 在水管的几个位置标注上记号后，把复印用纸等卷在上面将记号与记号连接起来画上切割线。

> **要点**
> 虽然尺寸有限，但代替一般水管而使用接头用管可以省去切割的麻烦。

② 打灯线用孔

在水管的下部位置打一个灯线孔。使用聚氯乙烯（PVC）板用锯子间隔 10mm 左右锯出两个切口，用钳子等将切口间的部分折断。

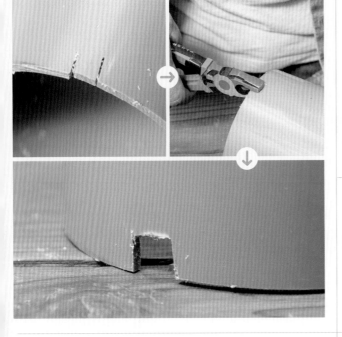

③ 画上波点

在水管上用马克笔随机地画上波点。根据波点的大小和位置不同，漏光程度也不同，氛围也会随之改变。

④ 在波点位置开孔

在电动螺丝刀上安装钻头，打孔。在水管里放入木材等进行固定，操作起来会更加容易。

⑤ 涂装水管

用室外用涂料涂装水管的外侧和内侧。

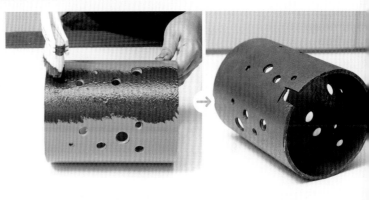

完成！

在从底部照射植物等时，如果减少孔隙数，向上扩散的光源就会增加。根据想要照射的东西和放置的地方来调整孔的数量比较好。

做旧加工

采用使全新的物品显得陈旧的做旧加工，
试着尝试一下植物也适用的加工技术吧。

做旧前

复古马口铁盒风做旧

做旧后

| 难易度 | ★★☆☆☆ | 优点 | 能够做出适用于植物的小件物品 |
| 制作时间 | 1 日 | 安排 | 任何材料都可以加工成铁皮风格，运用在水桶或浇水壶上，可以使庭院作业工具产生统一感 |

木材的旧仓库风做旧

做旧前

做旧后

| 难易度 | ★★☆☆☆ | 优点 | 以朴素的氛围调和庭院 |
| 制作时间 | 1 日 | 安排 | 板材也可做旧，可以用做旧之后的板材来制作围栏等 |

在种满花草和树木的自然风庭院中，人工制造的物件和崭新的物品会显得十分突出。

为了让这些物品与庭院很好地协调起来，特意将它们打造成老旧的感觉，这就是做旧加工。在这里介绍一下将塑料等变为复古或素材风的涂装技术，以及将新木展现为陈木的加工技术。

让我们把现有的物件做旧，打造温馨而熟悉的氛围吧。

复古马口铁盒风做旧

需要准备的物品

[材料]

- 希望加工的容器（材质任意）
- 水性涂料 黑 / 白 / 灰色（灰色可用黑白混合）
- 石英砂等

希望加工的容器　　　水性涂料 黑/白/灰色　　　石英砂

[工具]

- 刷子
- 装有水的喷壶
- 棉布（不用的T恤等）等

步骤

① 用灰色水性涂料进行涂装

把脏污的希望加工的容器例如盆清理干净，用灰色水性涂料进行涂装。根据盆的材质不同，有时涂料的黏性会变差，这种情况需要叠涂两三次。叠涂时，要等到前一次的涂料变干后再涂下一次。

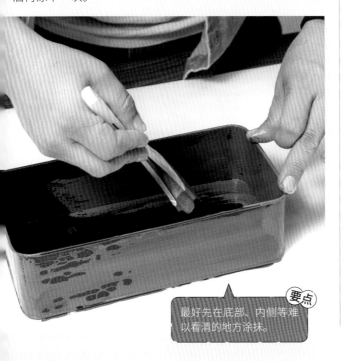

要点
最好先在底部、内侧等难以看清的地方涂抹。

DIY 这里是要点

涂料和刷子的处理方法

　　罐装涂料本来是以用完为前提的。但是，只要不掺进水分或垃圾等，盖好盖子保管，剩下的涂料也可以继续使用。

　　涂料最好是用使用完的容器分装出需要用的量，涂料用的计量杯及桶可在建材市场等地以几十元的价格购买。剩下的部分只要没用水稀释过，倒回罐子里也没关系。先将罐子里的液体擦干。有时无法盖上盖子，或者下次使用时由于涂料凝固而无法打开盖子的情况也是有的。

　　虽然也有很多高价的刷子，但如果保养不好会立马变得无法使用。DIY 时，在类似两元店的地方购入低价产品并每次用完比较明智。如果第二天也要使用同一把刷子，请将刷毛部分用保鲜膜包裹起来，以免变干。如果可以，根据要涂装的颜色准备刷子吧。只有一把刷子的情况下，请把沾染的颜色充分水洗干净后再使用。

涂料专用一次性容器的大小和形状也多种多样。

想要将黑色和白色涂料混合制成灰色时，如果有容器也很方便。

② 用黑色涂料进行涂装

灰色涂料干后，用刷子蘸取一点黑色涂料，用喷壶喷上水。涂料在水压下扩散开来。用刷子轻轻地涂上涂料，反复喷水，给整个盆都打上花纹。

> **要点**
> 用棉布（干布）擦去液体。

④ 撒上石英砂

在白色涂料变干之前，从较高的位置往下撒上石英砂，再从较高的位置用喷壶喷上水。如果白色有不足的地方，就用刷子以点涂的方式涂上白色涂料进行调整。

⑤ 用干刷掸一遍整体

完全晾干之后，用干刷将多余的粉末等掸掉。

③ 用白色涂料进行涂装

黑色涂料干了之后，用白色涂料涂上和黑色涂料一样的花纹。用刷子涂上涂料后，再用喷壶喷上水，使涂料扩散开来。

✦ 完成！ ✦

复古马口铁盒风做旧完工。如果能将其很好地涂成灰色，什么材质的东西都可以。木材等也能做出这样的风格。

木材的旧仓库风做旧

需要准备的物品

[材料]

- 全新的木材
- 水性涂料 白色
- 砥粉
- 土（家附近的泥土等都可以）等

全新的木材

水性涂料 白色

砥粉

[工具]

- 喷火枪（可以的话尽量使用火力强的）
- 涂料用容器
- 刷子
- 金属刷子
- 砂纸
- 棉布（不用的 T 恤等）等

步骤

1 烧木材

用喷火枪烧全新的木材。喷火枪最好是装在罐装瓦斯上在户外使用，如果条件允许使用火力越强的喷火枪，烧制起来较快。如果木材是没有缺口十分干净的，稍微削掉一点边缘，完成后会更有味道。

要点
木材整体用火烧，直到表面像照片里一样裂开为止。

DIY 这里是要点

木材的做旧是什么？

仔细观察木材，会发现木材的颜色有浅的部分和深的部分。颜色较浅、面积较大的部分称为"夏目"。颜色较深，看起来像线条的部分是"冬目"。

夏目是树木从春天到夏天成长的部分，相对来说材质较软。冬目是从秋天到冬天成长的部分，与夏目相比材质更硬。因此木材在风雨中随着岁月流逝，柔软的夏目被削去，留下坚硬的冬目。

木材的做旧是按照这个原理进行的加工。首先用喷火枪烧制木材，这时只有夏目会被燃烧掉，留下冬目。通过突出冬目，营造出古树的氛围。

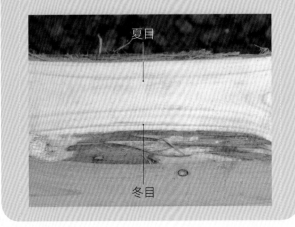

夏目

冬目

② 除去木炭部分

用金属刷子把木炭部分刮掉。

要点
金属刷子一定要沿着木纹移动。

③ 涂上涂料

在涂料用容器中按相同比例放入砥粉和白色水性涂料，用水溶解后刷涂在木材上。即使是非常白的程度，木材也能吸收水分沉降下来，所以可以充分涂装。

④ 用砂纸打磨

涂料干了之后，轻轻地用砂纸擦拭。将附着在洞眼（⇨ P121）上的白色涂料打磨掉，处理到这种程度即可。

⑤ 涂上泥水

往土里加水后涂抹在木材上。涂上所谓的泥水之后，会增强木材风化的感觉。

⑥ 用棉布擦拭

土干了之后，用打湿后拧干的棉布擦拭整体。等晾干之后，再用干棉布擦拭整体。

✦完成！✦

全新的方木材变成旧木材。把板材加工制作成栅栏和壁板，可以制作出复古风格的物件。即使完成得有些粗糙，复古怀旧的气氛也不会改变。

不使用喷火枪的做旧

在没有喷火枪的情况下，通过在涂装的方法上下功夫，可以制作出仿古的效果。让我们按照以下步骤来尝试制作吧。

① 涂防腐涂料

给木材涂上室外用的防腐涂料。

② 涂上涂料

把用水稀释过的白色涂料用布蘸取，涂在木材上。轻轻拍打表面般轻薄涂抹，如果太白的话，就用没有沾上涂料的布摩擦调整。

✦完成！✦

稍微使用过的感觉。

庭院插牌

可以简单制作庭院插牌，
用作庭院的装饰品和植物的名牌。

庭院插牌只需插在花坛和盆栽上就会变得有亮点了，可以作为植物的名牌，
又或者是配合季节的活动作为庭院的装饰品。

虽然市面上销售的产品有很多，但机会难得，就试着享受制作原创产品吧。

下面介绍一下使用在两元店等地方可以购买到的材料，就可以简单制作庭院
插牌。

十字庭院插牌

准备两个市面上在售的木制
名牌。其中一个剪短一点，
用木工用白乳胶固定成十字
后，用麻绳在十字处打上结。

难易度	★☆☆☆☆
制作时间	各 1 小时
优点	名牌，花坛和花盆的装饰
安排	因为只是制作插进土里的部分，并在上面贴上写有文字的板子或装饰品，所以可以自由制作喜欢的插牌

箭头形庭院插牌

① 准备两个市面上在售的
木制名牌。将其中一个
剪开制作成两个和照片
里一样的箭头符号。

② 涂上喜欢的颜色的涂料
或者写上文字，用木工
用白乳胶粘在一起固定。

小树枝名牌插牌

① 将长方形木板（厚2mm×宽21mm）切成自己喜欢的长度，用涂料涂色或写上文字。

② 用锥子等打孔，穿上细铁丝挂在小树枝上。

软木塞庭院插牌

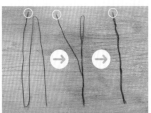

① 把90cm长的铁丝（粗0.9mm）的末端留出一点，然后如照片左侧所示弯折。如照片中间部分所示从下往上拧，再如照片右侧所示，做成一根支柱。

② 如照片所示，将铁丝支柱的末端弯折成鱼钩形状。用锥子等在软木塞上打孔，插入前端卷起的电线，勾住支柱的电线。

③ 装配季节装饰品时，在装饰品和软木塞上打孔，用铁丝连接起来。在软木塞上插入金属丝后，再装配装饰品会更容易连接。

用石头做装饰的庭院营造

容易与绿色相融合的石头，只是放置在那里便会有时尚的感觉。

也许有很多人会觉得，在花园物件中有重量的石头很难处理，不能简单地移动。但是，在庭院营造中，石头是很容易与绿色相融合的便利单品。

放置一块大石头，会给人一种空间非常紧凑的印象，在庭院一角堆放几块小石头，就能立即形成一个值得一看的迷你小角落。

说起使用石头的庭院，有放着灯笼和石狮子的日式庭院，有充满野性氛围的摇滚庭院等，但其实没有必要做得那么正式。作为绿色中的点缀，来试着用一点怎么样。

如果有石头，不仅杂草很难长出来，就算种植的植物很少，也能营造出时尚的空间。因此，还具有低维护的优点。

庭院里使用石头的效果

石头有什么效果呢？考虑一下在院子里放石头的优点和效果吧。

效果

1 庭院变得更加立体

石头的大小和形状都各不相同。通过重叠和排列，可以形成凹凸不平的立体空间。如果是某种程度大小的物件，仅凭这些就能产生存在感。

这是住宅旁边朝北的花坛。在纵深70cm左右的花坛上，设置了排水口和仪表箱。

效果

2 植物少也自成一派

像英式庭院一样充满花草的庭院也很漂亮，但是近年来简单的杂木庭院也很受欢迎。放置石头，即使植物少也能营造出时尚的氛围。

效果

3 杂草难以生长

如果有石头和沙砾，很难长出杂草。虽然不是完全没有杂草，但是杂草就算长出来也很容易拔除，多少有一点草，和石头搭配也不错。

虽然空间有限，但通过设置石头和支柱，将空间转换为立体空间。在直线形花坛里铺设天然石，同时还要选择易于维护管理的植物。（渡边宅）

遮挡视线

在板状石头的对面设置了庭院照明。如果是石头，即使在栽植中也不会有不协调的感觉，就算仅靠植物无法隐藏的东西也能轻易地隐藏起来。

花台

想把父母建造的日式风庭院改造成西式庭院的时候，很多人苦恼的是景石（观赏用的大块庭院石）的处理。不要让它成为碍事的存在，试着研究一下把它当成放置盆栽或庭院装饰的石台来使用吧。

石头的用法

西式庭院里，
在什么地方用石头好呢？
下面介绍使用场景
和选择方法的要点。

花坛的边沿石

在混凝土和种植区域的交界处随机放置大石头，为了不让底下的泥土露出，铺入小石头进行隐藏。最后形成一个以多肉植物为主的岩石庭院。

庭院营造建议

石头的选择方法

石头的形态多种多样，有把岩石粉碎得到的粗糙的碎石，或者像鹅卵石一样圆润的石头等。虽说如此，石头和植物都是自然的产物。不限于日式还是西式，放在院子里看，意外地感觉任何石头都很合适。

在选择石头时，保持颜色的一致是重点。石头的颜色因生产地的不同而有如白色、黑色、红色、蓝色、棕色等不同颜色。如果要在完全不同的区域使用，在各个区域使用不同的颜色是很不错的，但是在同一个地方使用的石头最好颜色统一。此外，在西式庭院中，统一使用粗糙或圆润类型的其中一种，同时在一定程度上统一石头的大小，这样才能更好地平衡。

水龙头的接水口

由于石头和沙砾的排水性很好，用于立式水龙头接水口处也是十分推荐的。如果是比沙砾更大的石头，即使直接放在地上也不会随着水流动，十分安心。

在庭院中能展现立体感的
拱门和壁面绿化

让藤本植物爬绕，把整个院子立体地展示出来。

　　庭院营造与面积大小无关，能感受到高低差和深度的立体空间才是重点。树木、有高度的花草、错落有致的植物等，在种植配置上形成高低差是基本的设计，使用拱门或壁面绿化等单品，可以进一步提升庭院的立体感。

　　拱门设置在小路的入口等处，引导玫瑰等植物攀爬，可以打造出优雅浪漫的庭院。如果设计简单，即使是放在小庭院里也不会碍事。

　　壁面绿化是沿着建筑物的墙壁和窗户来设置网或支柱，使植物沿着它们爬行。不仅外观清爽，减轻建筑物的蓄热、降低周围气温等节能效果也值得期待。

适合拱门或壁面绿化的植物

拱门或壁面绿化的安装目的略有不同。选择各自适合的植物享受吧。

壁面绿化	拱门

常以缓解炎热为目的的壁面绿化，适合叶子茂盛的植物。种植苦瓜、葡萄等可以收获的植物是常见的。只选择一种植物来做壁面绿化会更容易管理。

因为拱门多以在庭院中欣赏为目的，所以适合有美丽花朵的藤本植物。在左右支柱上可以种植品种不同的玫瑰，也可以同时种植玫瑰和铁线莲等开花时期不同的植物，这样一来可以长时间观赏花卉也很不错。

- 苦瓜
- 黄瓜
- 猕猴桃
- 葡萄
- 丝瓜
- 百香果
- 倒地铃
- 黑眼花
- 牵牛花
- 瓠子 等

- 藤本蔷薇
- 木香蔷薇
- 多花素馨
- 常绿钩吻藤
- 凌霄花
- 铁线莲
- 西番莲
- 蔓丁香
- 忍冬
- 蓝花丹 等

葡萄爬到网上的壁面绿化。照片是4月下旬的样子，随着逐渐入夏，枝叶也渐渐增多。引导枝条横向生长。

玫瑰是拱门的常用植物。对于空间有限的庭院，仅从一侧种植使之攀爬会更加利落。

因为各自都有适合的植物，所以根据对植物的喜好和种植目的来尝试入手比较好。

牢牢固定住支撑结构，
根据植物的生长情况来管理。

拱门处经常种植玫瑰或铁线莲等观赏价值很高的植物。管理要点之一是花期结束后将花摘掉。保持外观的美丽自不必说，还可以预防疾病。冬天进行修剪，玫瑰还需要进行生长引导。

壁面绿化的要点在于进行管理使其枝叶繁茂。首先，为防止肥料用尽，每隔1~2周施1次液体肥料。壁面绿化在夏季效果最佳，盛夏时早晨和傍晚必须浇水。叶子的部分要照射阳光，但是根部要用复合材料覆盖，或者种植矮的植物，以免根部由于炎热而受损。

拱门应将支柱牢牢地插入地面，以免晃动。壁面绿化也要固定住，以免被强风刮起。在使用网的情况下，设置时就让网能够灵活拆卸，台风来临时就可采取暂时拆卸等措施。

利用苦瓜打造的壁面绿化。密密麻麻的叶子可以提高消暑效果。

在拱门处种植玫瑰和铁线莲。由于是没有泥土的地方，将种植在大盆里的花株引导到拱门之上。如果用花盆管理，就要每年进行更换。

庭院营造建议

壁面绿化使用专用栅栏，既方便又时尚

可能有些人会认为壁面绿化的支柱组装和拉网十分困难。

可以轻松使用的是放在地上立起来的栅栏。如果是壁面绿化专用，既美观又易于安装。下面放置的容器比较重，可以防止翻倒。

铁质带底台的壁面绿化用支架。

委托专业人士

咨询专业人士的要点

为了不发生"和预想的庭院不一样"的事情,将委托前的准备、不会失败的委托方法提前确认好吧。

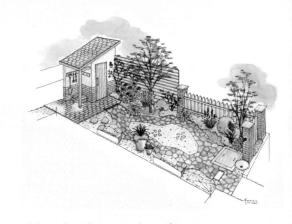

要点

1 | 明确庭院的目的

在商谈之前,首先要明确自己想要什么样的庭院,想要在庭院里做什么。仅靠"满是花的庭院"是无法准确传达的。准备理想的庭院的照片,或传达"希望创造一个被花包围着和邻居一起喝茶的空间"等这样具体的要求吧。

要点

2 | 传达生活方式和喜好

告诉对方平时的生活模式,与庭院相关的时间和工作吧。在庭院里花费多少时间,可以作为庭院设计和植物选择的参考。另外,也推荐传达自己喜欢的音乐、艺术、兴趣等。生活方式和庭院的风格相匹配,可以更加享受庭院的乐趣。

要点

3 | 确认对方团队的施工实例

在决定委托之前,请务必看一下对方过去的施工实例。重要的是要看好对方的风格是否符合自己的期望。此外,还需要确认好设计师与施工人员的关系。如果是设计、施工一起进行的团队,对施工也会负责。施工单位另外委托时,确认双方合作程度,是否有建立良好的信赖关系是非常重要的。虽然设计很优秀,但施工质量差的情况也经常发生。

要点

4 | 传达清楚预算

一旦确定了团队,在委托实际设计之前要明确传达预算。根据预算的不同,设计和施工内容也会有所不同。一旦为了削减预算而变更设计,就很容易产生质量下降的后果,因此在最初传达清楚预算是非常重要的。另外,让我们确认报价单的明细直到能够接受为止吧。若在模棱两可的状态下进行施工,则可能会发生"与预想的不同"的状况。

若是在为庭院营造而烦恼,
也推荐咨询专业人士。

今后要开始进行庭院营造或者考虑重新装修庭院的人中,一定也有不知道该从哪里着手的人吧。如果能够自己完成庭院营造是最好的,但是笔者认为也会有不能花费很多时间和精力的情况。这时果断地与专业人士进行商谈也是很好的选择。

庭院相关专业人士有园林企业、外部建造和装饰企业、花园设计师等。不仅是专门的企业,建材市场和园艺店等也有设置关于庭院营造的咨询窗口。最近的主流是让专业人士打好庭院的基础,之后自己进行保养和管理。只有在换季的时候,让专业人士负责换种或修整也是可以的。如果是一般的业内企业,施工后还可以进行售后服务。在植物、庭院的状况等有困扰时,有可以咨询的人,这也是委托专业人士的优点。

每个庭院营造的从业者都有各自擅长或不擅长的领域。确认对方过去的施工案例,寻找符合自己喜好的企业进行委托是很重要的。

庭院施工案例

埼玉县 高杉宅

施工前

从大门到玄关的入户步道、车库、有种植空间的装饰墙等，从比较大的地方开始施工。

完成！

与住宅和谐相处的前庭院。通过了解户主的生活方式等，打造出不会厌倦的空间。为了享受夜晚的风情，照明计划也从一开始进行全面设计，这是专业人士才能做到的。

在丰富的知识中，提出如何使用什么，打造只属于那个庭院的原创方案是专业人士的工作。

从前庭到中庭，虽然空间十分有限，但通过对植物的计算和分配，打造出有深度的空间。

入户门前是庭院主人可以自己享受更换种植等乐趣的地方。好好传达自己可以管理的时间和内容是很重要的。

在道路和车库中间配置干式花园区域。每个区域都赋予主题，打造出可以享受的空间。

想要安装木质露台或藤棚

木质露台与藤棚作为在庭院中设置的单品，非常具有人气。
虽然有人挑战 DIY 制作，但考虑到安全性和持久性，还是委托专业的人去制作比较好。

藤棚是用木材组装的架子，自古以来就很受欢迎的紫藤花架也是藤棚的一种。不仅是紫藤花，还可以让玫瑰、常春藤、铁线莲等藤蔓性花木或花草爬绕，还可以欣赏葡萄、猕猴桃等果树。与露台一体化的风格很受欢迎，但也可以在庭院中单独设置。比起拱门（⇨ P128），藤棚遮阳效果更好，可以在藤棚下面度过治愈心灵的时光。

木质露台大多是从客厅延伸设置的，也可以放置桌子和椅子作为阳台休闲区。如果设置插座的插口，可以使用家电产品或放置照明产品，也十分方便。因为自来水是很多人后来设置的项目，所以最好在最初的阶段就考虑好是否安装。向对方传达如何享受露台，在哪里设置什么样的设备比较好，也与对方商量吧。

在棚顶爬绕着玫瑰的藤棚。为了从下面仰望观赏，推荐向下开花类型的花木或花草。

在露台下面铺上沙砾，杂草就不容易长出来了。因为不会像泥土一样变得泥泞，所以也是应对湿气的有效对策。

庭院营造建议

DIY木质露台或藤棚时的要领

　　因为人们会在木质露台或藤棚上面走动或从底下穿过，如果倾斜或者坍倒是十分危险的。因此，DIY时最需要慎重完成的是承受整体负荷的基础部分。如果是已经用混凝土等铺砌好的地方还好，但如果是地基十分柔软的地方，则铺上沙砾或混凝土等，使其牢牢固定是十分必要的。

　　作为露台或藤棚主要材料的木材的选择方法也是要点之一。木材有阔叶树加工的硬木和针叶树加工的软木。硬木是纤维密度高且坚硬的材质，耐久性强且结实。软木是相对来说更轻量较软的材质，DIY 使用起来很方便。光脚走在软木地板上更有温暖感，与硬木相比价格低廉也是魅力所在。考虑各自的优缺点，选择适合自己的吧。

　　在作业进行过程中需要注意的是确认是否水平。不仅是地基，在组装基座、铺板等作业时的关键步骤上使用水平仪进行确认吧（⇨ P83）。

　　需要的材料全部备齐，之后只需要自行组装的套装在市面上也有销售。虽然想挑战 DIY，但觉得很困难的人也推荐使用这样的产品。

4

需要记住的园艺知识

为了保持植物的美丽和强壮，日常管理非常重要。
一起来了解一整年中所必需的园艺工作吧，如种植和换盆、
季节性管理以及日常维护。
植物生机勃勃的庭院本身看起来就很美。

年度园艺日历

季节性对策　　　花草的维护　　　庭院树木的维护　　蔷薇类植物的维护

MARCH 3月	APRIL 4月	MAY 5月
禾本科或莎草科植物的重剪		
	春植球根植物的种植	
	春播一年生植物的修剪残花	
宿根植物的换盆和分株		花草的插芽和插枝
落叶树的换盆和种植		
落叶树的疏剪		常绿树的疏剪
针叶树的换盆和种植		
蔷薇类植物大苗的种植		蔷薇类植物新苗的种
	蔷薇类植物的抹芽	蔷薇类植物的修剪残

植物从沉睡中醒来，庭院工作也如火如荼进行的时期

春
—
3
—
5
月

　　每到这个时期，冬季沉睡的植物就会开始活跃起来。在庭院中，将开始一年生植物的播种和幼苗种植（➡P144）。如果宿根植物的换盆或分株（➡P151）还未结束，那么就在3月中旬预先完成吧。到了4月，就可以开始种植春植球根植物（➡P147）。

　　对于落叶树的换盆、种植和疏剪工作，最迟也抓紧在3月底前完成吧。一些常绿树可以从4月起再开始疏剪（➡P155）。

　　到了4月，就可以种植蔷薇类植物的新苗。进行抹芽来调整花的数量吧。

　　此时各种花都开始绽放了，所以需要进行修剪残花（➡P148）等日常维护。根据气候的变化，天气可能会变得又干又热，所以要注意植物的情况，不要忘记浇水。

　　天气变暖，病虫害的发生也会随之增加。一旦发现受损就立即处理吧（➡P143）。

　　5—6月是花草插芽、插枝的适宜时机。

园艺以植物为对象，包含了一整年的各种维护和照管工作。
土壤准备、播种、种植和开花后的管理等，都是为欣赏美丽庭院而不可或缺的工作。
请确认一下每个季节应该要做的维护和工作。

JUNE **6**月	JULY **7**月	AUGUST **8**月

病虫害对策

梅雨对策

暑热对策

除草和杂草对策

多年生植物的重剪

夏植球根植物的种植

秋植球根植物的挖出　　一年生植物的追肥

常绿阔叶树的换盆和种植

春季开花花木的追肥

蔷薇类植物的夏季疏剪

蔷薇类植物基芽的掐尖（会发芽的部分）和花蕾的掐尖

夏

6
—
8
月

记得浇水并注意观察病虫害的重要时期

　　在这个高温和高湿度的时期，病虫害会变得频繁，所以注意每天密切观察，不要倦怠。重要的是通过花草的重剪和树木的疏剪，保持植株整体的良好通风。当不幸遇到病虫害时，应尽快清除，根据具体情况予以处理。

　　同时，这也是杂草开始出现的时期，所以考虑一下杂草的控制吧。根据各种植物的情况，还要采取梅雨和暑热的对策（➡ P158）。

　　一旦正式入夏，浇水就成了最重要的事情。地栽的花草容易因高温和缺水而枯萎。夏季浇水一定要在清晨或傍晚进行，必要时 1 天 2 次（➡ P142）。

　　当秋植球根植物的叶子正好变成褐色时，进行挖出球根的工作（➡ P150）。在 6—7 月，应给一年生植物和春季开花花木追肥。庭院树木的疏剪和整理树枝工作应在 7 月中旬左右完成。

　　对于蔷薇类植物，要掐掉 5 月中旬以后出现的基芽和花蕾，让植物在秋季休息。

病虫害对策

台风对策

暑热对策

宿根植物的换盆和分株

秋植球根植物的种植

秋播一年生植物的播种和幼苗种植

春植球根植物的挖出

采种

常绿阔叶树及针叶树的换盆和种植

蔷薇类植物的夏季疏剪

蔷薇类植物的修剪残花

蔷薇类植物基芽的掐尖

秋
—
9
—
11
月

在进行秋植工作之外需要做好台风对策的时期

在这个时期，夏日酷暑尚还残存，但早晚较凉爽，树木又开始充满生命力。此时进行常绿树木的换盆和种植等工作是最理想的。

9月中旬以后，就可以进行秋播一年生植物的播种和幼苗种植，它们将在翌年春天开花。地栽的球根植物放任留在地里也没关系，但要在叶子变黄之后再挖出来。到了10月，就可以开始种植秋植球根植物了。

宿根植物的换盆和分株可以在春季进行，但也可以在秋季天气较温和时进行。特别是春季开花的宿根植物，最好在9—10月进行。一些花草可以在10月采种。种子应该晒干并储存在袋子里，于翌年春天播种。还应掐掉木本蔷薇类植物的基芽，而具有四季开花的特性的要进行修剪残花。

病虫害虽然会随着天气转凉而减少，但白天温度持续较高时还是要多注意。另外，直到10月左右也会常有台风。高大的花草和庭院树木应通过竖立支柱来抵御强风（➡ P160）。

病虫害对策

严寒对策

禾本科或莎草科植物的重剪

宿根植物的换盆和分株

落叶树的换盆和种植

落叶树的疏剪

花木及果树的冬肥

蔷薇类植物大苗的种植

蔷薇类植物的冬季疏剪和藤本蔷薇类植物的牵引

蔷薇类植物的冬肥

冬
——
12月至翌年**2**月

进行落叶树的疏剪和为花坛防寒准备土壤的最佳时期

    冬季是许多植物暂停活动的时期。对于秋播一年生植物和不耐寒的宿根植物来说，应该在植物的根部铺上腐叶土或树皮碎片，提前做好防严寒对策（→ P159）。

    落叶树的疏剪要在落叶之后进行。在庭院的树荫下收集落叶，将油渣、米糠等跟水一起混合进行发酵，自制成腐叶土。在第一周应经常混合搅拌，之后不时地从上到下翻动，让其发酵半年左右。有机肥料（→ P141）可以作为冬肥施用于花木和果树，以提高春季发芽率。

    对于蔷薇类植物，主要的工作是大苗的种植和疏剪。藤本蔷薇类植物的牵引工作应与疏剪一起进行。

    害虫会在植物的树枝和树干上产卵，试图过冬。在每年的这个时期喷洒化学药剂（→ P143）会减少害虫的数量。

    考虑到翌年春季，如有必要可以进行花坛的土壤改善（→ P140）。在未种植植物的区域，上下翻土使新鲜空气注入土壤（→ P145）。

庭院营造所需的工具

浇水管

用于浇水的软管如果缠绕在卷轴上，就可以整齐地收纳，移动起来也很方便。根据使用区域的距离来选择长度吧。

剪刀

有园艺用的园艺剪和修枝剪等。园艺剪用于修剪花草及直径不超过 1cm 的枝条。而修枝剪用于修剪直径为 1~2cm 的枝条。通过使用锋利的剪刀，可以有助于避免损坏植物纤维。

园艺地布

是一种防水片，可用于盛放土壤和肥料，以及修剪下来的枝条或残花，能够在完成庭院工作的同时不弄脏周围区域。比起平铺型，四个角都可以扣住扣子并呈托盘状的类型更容易携带，也不容易弄脏周围区域。

MUST ITEMS
必备工具

手锯

当树枝的直径超过 2cm 时，比起剪刀，手锯更容易切割。对于园艺师来说，一个能单手使用的小锯子就足够了。

园艺铲

在给箱型盆和花盆填土以及翻土的时候使用。由于形状和手柄长度各异而分为各种各样的类型，所以选择一个合自己手感的吧。

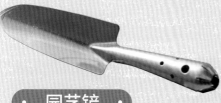

铁锹

用于挖掘和翻耕庭院土壤。有头部削尖的尖头铁锹，也有方形板状的方头铁锹。

最好能一点点备齐园艺用品

园艺用品对于庭院营造来说是必不可少的。虽然可以在商店里找到各种各样的工具，但也不需要什么都准备。在进行庭院工作的同时，一点点备齐所需物品就好。

在这里将介绍植物维护和庭院工作的一些必需品，以及一些便利的物品。

购买工具时，应在商店里实际上手看看，确认好尺寸、重量和使用的难易度等。在此基础上，包括设计在内，如果能选到中意的是再好不过了。若是使用喜爱的工具，理应也会让庭院工作变得更加愉快和顺利。

· 园艺鞋 ·

踩在水和土中也能保持鞋内清洁，并防止昆虫叮咬。如果仅仅是简单的园艺工作，易于脱下和穿上的低帮鞋足以应付。

· 围裙 ·

建议使用有防水性、不易脏及可整件清洗的围裙。若是选择有多个口袋的，更便于放工具。虽然短款的更便于行动，但如果更担心污渍，长款的也不错。

· 园艺手套 ·

专门为园艺工作设计的厚手套，保护双手免于沾上污渍和受伤。在接触带刺植物时，建议使用橡胶或皮革材质的手套。

· 扫帚 ·

用于清扫残花、落叶等，十分方便。在大庭院里也可以用竹扫帚，但园艺扫帚收放不费事，使用起来很方便。

· 簸箕 ·

庭院用的簸箕也被称为"手箕"，在落叶期和除草的时候，可以大量装入且便于运输，所以非常有用。塑料材质的很轻，易于使用。

· 洒水壶 ·

若是想让浇水不那么费力，就选择一个大容量的，以减少装水的次数。而选择一个有可取喷口的，会使浇灌根部变得方便。

GOOD ITEMS
便利的物品

· 喷水壶 ·

便于给容器栽培的植物叶面浇水。建议使用轻质、易用的塑料喷水壶。

· 园艺铲勺 ·

在给箱型盆和花盆填土以及翻土的时候使用。比如用土壤填补植株之间的空隙等情况下，比园艺铲更容易操作。

· 园艺桶 ·

适用于混合土壤和肥料以及调配化学药剂。考虑到携带和移动，较轻的更合适。

· 筛子 ·

用于筛分土壤和沙子，以确保颗粒大小均匀。拥有几种不同网目粗细的筛子会比较方便。

关于庭院的土壤和肥料

作为植物的居所，重要的是让土壤环境变得更舒适

虽然只要有土壤就能种植植物，但如果只是单纯地使用庭院土壤，花草也可能无法生长良好。

许多植物喜欢的土壤具有含一定水分、水和空气流动良好并能保持养分的特点，也就是所谓的保水性、排水性、透气性和保肥性良好。抓起一把适当弄湿的土壤，如果它能保持黏结的话，就说明是有一定保水性的。再用手指去按压它，如果分散开来，就说明是有一定的排水性和透气性。

此外，土壤的酸度也会影响到植物的生长。对于一般的花草来说，pH 在 5.5~6.5 的弱酸性土壤比较适合。可以先用市面上售卖的酸度测试液来检查一下酸度。

土壤并不能一直保持其初始的状态和性质。如果长期使用化肥，性质会发生变化，以前所栽种的植物的害虫可能会留在土壤中。因此，在首次栽种的庭院中或是给植物换盆之前，应根据实际情况进行土壤改良。根据不同的目的，可以通过混合几种不同的土壤，将土壤改善到最佳水平。

主要的园艺用土和土壤改良

园艺用土可大致分为基本用土和改良用土。基本用土可以作为花坛和盆栽的基本土壤来使用。
而改良用土是为了提高透气性和排水性等性质而追加的土壤。

	种类		特征	保水性	排水性	透气性	保肥性
基本用土	赤玉土		将火山灰土经筛分后做成粒状的土。在透气性、保水性和保肥性方面有很好的平衡，呈弱酸性，比较洁净，适合大多数植物	◎	○	◎	◎
	黑土		这是日本关东壤土层火山灰土，属于富含较多有机物的轻质土壤，保水性和保肥性也较好	◎	×	×	◎
	鹿沼土		浮岩状的土壤，含有水分时颜色偏黄。排水性和透气性较好。由于是酸性土壤，故适合皋月杜鹃和洋兰等植物	○	◎	◎	○
改良用土	浮岩		由于具有多孔的性质，排水性和透气性较好，经常作为盆底石来使用	△	◎	◎	△
	堆肥		将牛粪或鸡粪等加入树皮，发酵而成。透气性和保肥性较好。每平方米混入 10~20L，以改善贫瘠的土壤	△	○	◎	◎
	腐叶土		由于是落叶发酵而来，含有有机物，从而有激活微生物的功能。透气性和保肥性较好，可以与堆肥相同的方式来使用	○	△	◎	◎
	蛭石粉		由名为蛭石的矿石高温烧制而成，非常轻。保水性和保肥性较好，并且是无菌的，所以最适合用来做插枝的土壤	◎	○	○	◎
	草炭		是由泥炭藓等物质堆积、发酵而成。透气性、排水性和保肥性都很好。未调整酸度的草炭可以用来调整高碱度土壤的pH	△	◎	◎	◎
	稻壳炭		由于是稻壳炭化而来，透气性和保水性较好，能够促进微生物的活性。呈碱性，可以和酸性土壤中和	◎	○	◎	○
	珍珠岩粉		由火山石或硅藻土等经高温烧制固结而成的人工沙砾。基于黑曜石类具有较好的排水性和透气性，而基于珍珠岩和硅藻土类的则具有保水性	○	○	○	△

营养土

这是一种针对花草、药草植物、球根植物、蔬菜等想要种植的植物来配制的土壤。有些营养土不仅是土壤，还含有肥料和根腐抑制剂。

苦土石灰

并非是土壤，而是为了调整土壤酸度而使用的改良材料。土壤酸度过高时使用，欲将 pH 提高 1.0，每 10L 土壤需要施用 10~20g 的苦土石灰。应该在植物种植前 2~4 周进行。

对不同植物来说施肥需要特定的时期和适合的量

在土壤中，植物长出根系，吸收它们生长所需的营养物质。然而，土壤中不是任何时候都会含有足够的养分。为了弥补植物的营养不足，就需要施用肥料。

植物生长需要许多营养物质，但有三大元素是必不可少的：氮（N）、磷（P）和钾（K）。市面上售卖的肥料包装上都会记载这三种成分的比例。成分的比例因植物种类或使用目的而有所不同，因此重要的是充分了解用途后再做选择。

并不是给植物施用大量的肥料就一定会让植物生长得更好。施用过多的肥料，反而会影响植物生长，甚至导致其腐烂。另外，对于植物而言，既有确实需要肥料的时期，也有不太需要肥料的时期。良好使用的关键是在适当的时期施用适当的量。

在植物种植时将其混入土壤中施用的肥料叫作基肥，当基肥效力降低时再施用的肥料叫作追肥。一般来说，效果缓慢、持续时间长的缓释肥料最适合作为基肥，而效果持续时间较短的速效性复混肥料则最适合作为追肥。

肥料的种类和施用方法

并非所有植物都需要施肥。
确保将其适当地施用于需要它的植物吧。

肥料的营养成分

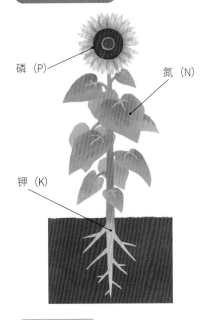

磷（P）

氮（N）

钾（K）

磷（P）
有促进开花和结果的作用，也被称为"花肥"或"果肥"，特别是在进入花期前后需要施用。

氮（N）
能促进叶和茎的生长，也被称为"叶肥"。在播种后的生长期和果实长大直到结果之前等阶段需要施用。

钾（K）
能促进根部生长，也被称为"根肥"。缺乏会导致根部无法生长，营养吸收不良，所以需要均匀地施用。

肥料的种类

有机肥料
由发酵的动植物物质制成，如牛粪、鸡粪、落叶、菜屑、草木等，是环境影响较小的肥料。

【功效】由于是在土壤中的微生物作用下被分解，所以需要一定时间才能见效，具有缓释性。虽然见效缓慢但效果持久。
【用法】作为种植植物时的基肥或追肥。

复混肥料
虽然由化学物质合成的肥料都叫化学肥料，但由两种或两种以上的化学肥料成分混合形成的复合肥料称为复混肥料。其具有各种各样的形式，如果使用时间过长，可能会损害土壤和植物。

【功效】固体的具有迟效性，产生效果较慢。呈颗粒状和粉末状的相对能较快见效。液体的具有速效性，能立即生效。
【用法】固体的可作为基肥，呈颗粒状或粉末状的可作为基肥或追肥，液体的可作为追肥。

肥料的施用方法

基肥
这是一种在种植植物时混入土壤的肥料。由于见效慢、作用时间长的肥料作为基肥更好，故可选用迟效性有机肥料或缓释复混化肥。

【对于花草】在播种和种植时施用缓效性肥料作为基肥。
【对于花木和果树】在种植时施用有机肥料作为基肥。

追肥
当基肥差不多失去效果时施用肥料。早春时节为促进发芽而施用的肥料被称为"出芽肥"，而在开花或收获果实后对较弱的植物施用的追肥有时也被称为"礼肥"。常用的是速效性的液体肥料和相对速效的颗粒状或粉末状的复混肥料。

【对于花草】在生长季节施用一次液体肥料，在开花季节大约每月施用一次，同时浇水。
【对于花木和果树】在开花时、结果时和结果后进行追肥。沿着树冠挖几个圆形的洞，并填入缓释肥料。

关于浇水和病虫害

在土壤干燥时给予充足的水

浇水是植物生长中一项必不可少的工作。特别是容器栽培的植物，如果容器中的土壤不慎干燥，通过根部吸取的水分就会不足，然后枯萎并最终死亡。

对地栽而言，种植之后一旦定根，就不用太过担心了。但即便如此，如果长时间没有降雨并持续日晒，庭院的土壤就会干涸，水分就会供不应求。

浇水不能以"1天1次""隔×天1次"这样简单地来决定频率。需要考虑到天气和土壤的干燥程度。对于容器栽培，基本上是当土壤表面干燥时就充分浇水，直到水从盆底流出来。充分浇水也有给土壤提供新鲜氧气的作用。

土壤表面若是比较湿润，则证明根部没有将土壤中的所有水分吸收干净。在这种状态下浇水会让根部无法呼吸，从而导致根部腐烂。此外，植物的根系有向水生长的性质，但如果土壤中含有大量水分，根系就不会充分生长，这将对植物的整体生长产生不利影响。

浇水的要点

若是浇水过多，也会使植物枯萎死亡。
将浇水的时间和方法等要点牢记于心吧。

注意这里！

时间段也需要考虑

浇水最好从每天温度刚要开始上升的清晨进行，到上午10点左右结束。白天，植物的体温也较高，所以与水温的较大温差会对其产生损害。特别是在夏季，应始终避免白天，选择在早上或晚上温度较低时进行。有时候浇水软管中可能会残留变温热的水，注意不要将其浇在植物上。

另外，在植物不太活跃的夜间浇水，会使植物变得虚弱。并且在冬季也有冻结的风险。

开花期间需谨慎

开花期间植物会需要大量的水，所以应注意观察，确保其不缺水。在浇水时，重要的是避免将水浇到花朵上。花朵沾到水后花瓣就会损伤，从而容易生病。用手护住基部的叶和茎，在植物的根部浇水吧。

容器栽培

时间点

- 在表面土壤干燥时给水。
- 注意在生长期和花期不要缺水。
- 对于处于休眠期的植物，在容器中的土壤完全干透后再浇水。
- 在夏季，根据实际状况，在温度较低的早上和晚上1天浇2次。

浇法

充分浇水，直到水从盆底流出来。如果可能，抬起容器，彻底将水沥干净，残留在盆盘中的水可能会导致根部腐烂，所以要沥净。

地栽

时间点

- 在日照较多、降雨量少时，如果植物看起来没精神，就可以浇水。
- 对于高温酷暑的夏季，观察植物，并根据它们的状况，在温度较低的早上和晚上1天浇2次。

浇法

使用花洒或软管，漫射式地向庭院土壤充分浇水。由于初学者经常容易浇不够，所以诀窍是比设想时间更长地多浇一会儿。

主要的病虫害

一旦发现损害就立即去处理，防止其蔓延开来吧。
也有些药剂是针对特定的疾病和虫害的。

	名称	症状	对策
疾病	白粉病	面粉状的白色霉菌，出现在叶子表面，干扰植物的生长。在白天和夜间温度高的初夏至秋季时容易暴发	避免在白天浇水，确保良好的日照和通风。发病之时，用水清洗发病的部分，1周喷洒1次药剂
	烟霉病	会在叶子表面形成烟尘状斑点，由蚜虫和介壳虫传播。该病一年四季都会发生，但从初夏到秋季特别常见	确保良好的日照和通风，如果发现蚜虫和介壳虫，应予以消灭。如果发现发黑的叶子，就把它们摘除，并喷洒杀菌剂
	锈病	在强降雨时期容易发病，会在叶子的背面形成粉状的小结块，并伴有落叶。症状因植物而异，有许多不同类型	在冬季可以通过喷洒含石灰硫黄化合物的药剂来实现预防。如果发生病害，要摘除发病的部分，并喷洒对锈病有效的药剂
	软腐病	在炎热和潮湿的梅雨季节容易发生，会导致根茎变色和软化，并产生恶臭味。随着腐烂的蔓延，整个植株都会变弱	由于细菌可以通过剪刀的切口和害虫的进食痕迹侵入植物，所以要保持工具的清洁。一旦发病，药剂就无效了，要通过立即摘除来避免连锁感染
	花叶病毒病	由蚜虫传播，在叶和花的表面会出现马赛克般的斑点，常导致叶片变形和落叶	需要采取措施防治蚜虫。由于无法通过药剂治疗，所以如果发生这种疾病，要把整株植物拔除并处理掉
虫害	蚜虫	会大量出现在嫩枝和花蕾上，吸食植物汁液，妨碍植物的生长。它们也会作为媒介传播病毒，并导致疾病	一旦发现，立即将其压碎，或通过水压将其冲走清净。喷洒药剂也很有效。由于它们喜好黄色，要注意周边不要放置黄色物体
	介壳虫	寄生在茎和叶子背面，有许多类型，包括带壳的或覆盖着粉状或蜡状物质的。它们通过吸食茎和叶的汁液来阻碍植物生长	带壳的或覆盖着蜡状物质的成虫应该用牙刷等工具刮掉。在冬季喷洒药剂，在一定程度上可以有效防止在春季暴发
	叶螨	寄生在叶子的背面，肉眼很难看到。当叶子上出现白点，被啃食到一定程度时，植物的生长就会停止，会在梅雨季节大量出现	一旦发现，就用水流将它们冲洗干净。因为除螨剂也会杀死有益昆虫，所以要使用专门针对叶螨的除螨剂。可通过改善通风和施浇叶面水来预防
	草地贪夜蛾幼虫	以根茎为食，甚至会导致健康的幼苗突然折断或倒下。它们白天躲藏在土壤中，但只要稍加挖掘就能找到	一旦发现就立即捕杀。在播种前做好翻土并喷洒药剂是有效的。在暴发后，将杀虫剂混入土壤，以杀死它们
	蛞蝓	以叶子和芽为食，夜间活动，喜欢潮湿的地方。还有会留下白色黏液的特点	由于用盐会对植物有害，所以要使用专门的驱虫剂。在雨后、傍晚或夜间喷洒是有效的，也可以用啤酒或淘米水来诱引
	墨绿彩丽金龟	幼虫以根部为食，成虫则以叶子和花为食，会妨害植物生长，繁殖力较强	一旦发现就立即捕杀。在播种前做好翻土并喷洒药剂是有效的

了解原因和症状并采取预防和控制措施

无论多么有经验的园丁也会为植物疾病和虫害而烦恼。

导致疾病的主要原因是病毒、细菌和霉菌。在通风不良的地方以及在高温和潮湿的时期需要特别注意。由于疾病会以害虫作为媒介来传播，害虫的预防和驱逐也是对策的一部分。平时注意观察植物，一旦发现就立即采取行动。

杀菌剂和杀虫剂

对于以打造环境友好的庭院为目标的人来说，也可以选择天然成分的有机药剂（防护剂），尽管它们的效果不是很强。

用于预防疾病。因为对发病中的植物不起作用，所以在发病前喷洒是有效的。如果病害已经发生，需要摘除受影响的部分，并对该植株以及周边植株都进行喷洒。

用于驱逐害虫。对成虫经常会不起作用，所以对幼虫使用更有效。对害虫持续使用同一种药剂会产生耐性，导致效果减弱，所以建议2~3种药剂交互使用。在2月用含有石灰硫黄化合物的药剂喷洒庭院，将有助于控制害虫卵。

> **庭院营造建议**
>
> ## 在喷洒药剂之时
>
> 虽然可能并不想过多地使用化学药剂，但它们在预防疾病和控制害虫方面是有效的。
>
> 喷洒应在早晚无风的凉爽时进行。一定要阅读说明书，并遵循使用方法和剂量。不要让宠物外出，提前通知邻居也更安心些。要防止化学品接触皮肤，穿戴好护目镜、口罩、帽子、手套、长袖和长裤。还建议穿上雨具，即使很薄也没关系。
>
> 如果要大规模喷洒，可以委托园丁或专门的从业者来做。

花草的播种和种植

对种植最重要的是土壤条件和种植时间

欣赏花草的最简单方法是购买市面上售卖的幼苗并种植它们。用种子来种植一年生和二年生植物并不困难，但对于多年生植物，则建议种植幼苗。而对于球根植物，要种植球根。

在一年生和二年生植物中，可分为从夏季到秋季开花的春播型和从第二年春季到初夏开花的秋播型。在多年生植物中，可分为从夏季到秋季开花的春植型和从春季到初夏开花的秋植型。而球根植物可分为从夏季到秋季开花的春植型，种植后一个月左右开花的夏植型以及翌年春季开花的秋植型。

如果错过种植和播种的合适时机，植物可能无法正常生根，可能会导致枯死或最终不发芽。

在种植或播种之前，应进行土壤环境的整备。做好翻土，检查酸度，必要时进行土壤改良。对于盆栽植物，市面上售卖的培养土使用起来也很方便。

各种植物的最佳种植时期

根据地区和当年气候的不同，会有轻微的差异，请在下表的基础上来调整。

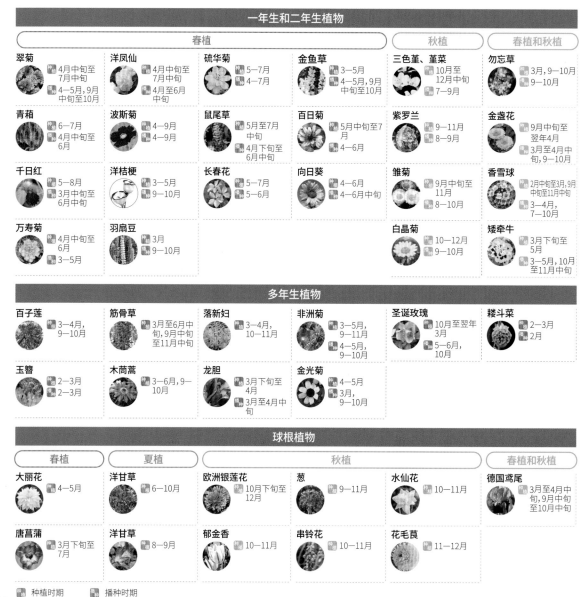

一年生和二年生植物

春植				秋植	春植和秋植
翠菊 种植 4月中旬至7月中旬 播种 4—5月,9月中旬至10月	洋凤仙 种植 4月中旬至7月中旬 播种 4月至6月中旬	硫华菊 种植 5—7月 播种 4—7月	金鱼草 种植 3—5月 播种 4—5月,9月中旬至10月	三色堇、堇菜 种植 10月至12月中旬 播种 7—9月	勿忘草 种植 3月,9—10月 播种 9—10月
青葙 种植 6—7月 播种 4月中旬至6月	波斯菊 种植 4—9月 播种 4—9月	鼠尾草 种植 5月至7月中旬 播种 4月下旬至6月中旬	百日菊 种植 5月中旬至7月 播种 4—6月	紫罗兰 种植 9—11月 播种 8—9月	金盏花 种植 9月中旬至翌年4月 播种 3月至4月中旬,9—10月
千日红 种植 5—8月 播种 3月中旬至6月中旬	洋桔梗 种植 3—5月 播种 9—10月	长春花 种植 5—7月 播种 5—6月	向日葵 种植 4—6月 播种 4—6月中旬	雏菊 种植 9月中旬至11月 播种 8—10月	香雪球 种植 2月中旬至3月,9月中旬至11月中旬 播种 3—4月,7—10月
万寿菊 种植 4月中旬至6月 播种 3—5月	羽扇豆 种植 3月 播种 9—10月			白晶菊 种植 10—12月 播种 9—10月	矮牵牛 种植 3月下旬至5月 播种 3—5月,10月至11月中旬

多年生植物

百子莲 种植 3—4月,9—10月	筋骨草 种植 3月至6月中旬,9月中旬至11月中旬	落新妇 种植 3—4月,10—11月	非洲菊 种植 3—5月,9—11月 播种 4—5月,9—10月	圣诞玫瑰 种植 10月至翌年3月 播种 5—6月,10月	耧斗菜 种植 2—3月 播种 2月
玉簪 种植 2—3月 播种 2—3月	木茼蒿 种植 3—6月,9—10月	龙胆 种植 3月下旬至4月 播种 3月至4月中旬	金光菊 种植 4—5月 播种 3月,9—10月		

球根植物

春植	夏植	秋植			春植和秋植
大丽花 种植 4—5月	洋甘草 种植 6—10月	欧洲银莲花 种植 10月下旬至12月	葱 种植 9—11月	水仙花 种植 10—11月	德国鸢尾 种植 3月至4月中旬,9月中旬至10月中旬
唐菖蒲 种植 3月下旬至7月	洋甘草 种植 8—9月	郁金香 种植 10—11月	串铃花 种植 10—11月	花毛茛 种植 11—12月	

种植时期　　播种时期

准备适合种植的土壤

植物喜欢具有保水性、排水性、透气性和保肥性的土壤。采取以下步骤来准备土壤环境吧。

这是一个将花坛的土壤挖开，将表层土壤（表土）和底层土壤（底土）反复翻动的过程。播种前 2 个月进行，至少也应在播种前 1 个月进行。

用市面上售卖的酸度测定液来检查土壤的酸度。pH 应为 5.5~6.5。如果酸度较高，可将苦土石灰混入土壤，使其呈微碱性（➡ P140）。如果碱度较高，可通过添加未调整酸度的草炭来中和。

从土壤改良到整体彻底融合要用 1 周以上的时间，之后再施用基肥（➡ P141）。将迟效性的有机肥料或缓释复混肥料混入土壤。在种植的时候再加入基肥也无妨。

在调整酸度的同时，还要检查土壤的状况，如果存在老根和害虫，要及时清除。含有有机物的土壤可以促进植物生长，因此建议添加腐叶土或堆肥。此外，根据土壤的情况，也可以添加改良用土（➡ P140）来改善土壤。

将土壤填入花坛

如果想要立即种植，可以同时进行土壤改良和施用基肥。

1 将腐叶土添加到已进行过翻土的花坛中，以改善透气性。

2 如果庭院的土壤很少，可以添加一些花草用的培养土。含有肥料的培养土也可以作为基肥。

3 为提高保水能力，可以将黑土加到边缘以下 2~3cm 处（浇水线），用铁锹等工具将整个区域拌匀。

种植幼苗

这是在土壤改良之后，一般幼苗的种植方法。
如果已经事先准备好了适合种植的土壤（⇨ P145），可以直接从步骤❹开始。

需要准备的物品

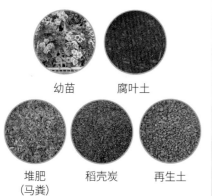

幼苗　　腐叶土

堆肥　　稻壳炭　　再生土
（马粪）

3 将步骤❷的混合物放入花坛，并与花坛土壤充分混合。

6 用铁锹挖一个刚好能容纳土球的洞，放入幼苗。

1 翻动土壤，如果有植物根系或墨绿彩丽金龟幼虫就清除干净。如果条件允许，在晴朗的几天里，让土壤在阳光下晒干即可。

4 暂时放置盆苗，确认好种植的地点。给幼苗留出生长所需的空间（⇨ P48）。这里留出了15~20cm 的间隙。

7 在根部周围重新填入土壤。在幼苗的基部放置少量土壤，并轻轻压平土壤以固定幼苗。

2 将腐叶土、稻壳炭、堆肥、再生土按照 3 : 2 : 1 : 1 的比例充分混合。

5 从盆中取出幼苗。对于根部挤在一起的幼苗，要先将手指伸到土球的底部，使硬化的根部稍稍松动。要小心不要把整个土球弄塌。

8 以同样的方式种植其他幼苗。种植后，将土壤浇透。开花期间根据具体情况来适当施用复混肥料或液体肥料。

·深度和间隔的准则·

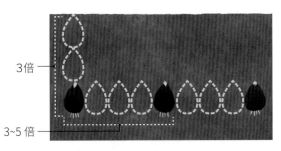

3倍

3~5 倍

球根的大小因植株而异。尽量使得种植深度达到球根大小的 3 倍左右。当把多个球根种成一排时，要把它们的间距设为球根大小的 3~5 倍。以奇数的数量来种植可以获得更好的平衡。

种植球根植物

就算是同一种类的球根植物，也可根据其周长分为特大型、大型或小型等尺寸。较大的球根会长出较大的花朵，而同样尺寸的球根相比较，更重的则含有更多营养物质。

在种植的时候，确保不要把球根的顶部和底部搞错。

随机地种植以享受更自然的氛围

与其一横排地种植球根植物，不如稍微前前后后一点，或是稍显随机地间隔种植，这样更能欣赏到自然的趣味。也有人实行过一次丢出几个球根，在它们落下之处种植的方法。如果花坛是有一定空间的，也可以把球根都种在一起，创造较强的存在感。如串铃花、水仙花、红番花和蓝色绵枣儿等小型的球根植物，都比较适合于群植。

根据花坛的设计，让它们整排地开花也可能会更出效果。对照着想要实现的花坛，享受种植的乐趣吧。

播种

用种子种植植物是一种比购买幼苗更便宜的方式，可以种植更多的植物。有把种子直接播入花坛的"直接播种"方式，也有把种子播入育苗箱等容器的"箱式播种"。箱式播种是把发芽的幼苗培育到一定程度之后，再将幼苗种植到花坛等地方。

箱式播种的方法有右边这 3 种。播种前土壤应彻底湿润，覆盖种子的土壤量应与种子的大小基本相同。对于极小粒到小粒的种子，用筛子筛一下也是可以的。

适合直接播种的植物

直接播种是指将种子直接播入花坛的方法。根茎类植物，如根茎类蔬菜、花菱草和香豌豆等，其根部会笔直地伸入地下。因此，如果移栽时根部受伤，损害会很严重，所以建议对这些植物采取不用盆的直接播种方式。

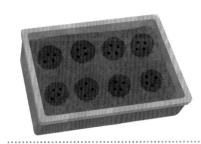

点播

用手指在土壤中划出一个凹痕，然后播下 3~5 粒种子。在其上覆盖一层薄薄的土壤，用喷水壶浇水。适用于大粒种子。

条播

用一次性筷子等工具在土的表面划出道，将种子播入沟中，避免相互重叠。覆盖一层薄薄的土壤，用喷水壶浇水。适用于小粒到中粒的种子。

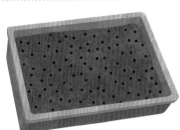

撒播

将种子均匀地播撒在整个土壤中，避免相互重叠。覆盖一层薄薄的土壤，用喷水壶浇水。适用于极小粒到小粒的种子。

花草的年度基本管理

通过不松懈的维护来保持花卉的美丽

　　为了享受庭院里的鲜花之美，需要在一整年中对它们进行适当的管理。其中，有为开花所做的准备、开花后的管理，以及在株型凌乱或植物长得太大时的维护等各种各样的工作。这似乎有点令人生畏，但对于喜爱庭院和园艺的人来说，也是一些充满乐趣的时刻。

　　提前了解一下在什么时候应该采取怎样的维护，以及年度的基本管理方法及工作吧。

年度工作

开花前	摘心
开花时	修剪残花
开花后	重剪及整理幼苗 整理球根
定期工作	中耕及追肥
当植物长大后	分株
盆栽的维护换盆	换盆

（ 摘心 ）

这是在幼苗还小的时候，通过拔掉顶芽来促进腋芽生长的工作。这可以增加花的数量和植物的体积，也叫掐尖。

将花芽和叶芽的腋芽的上部切除吧。通过重复摘心数次，以产生更茂密、更壮观的植株。要使用干净的剪刀，以防止细菌从切口处进入。

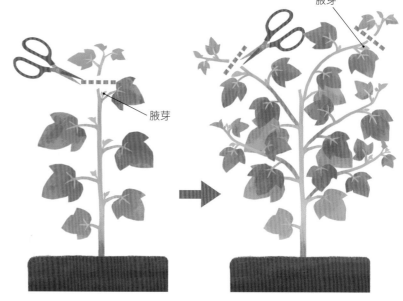

（ 修剪残花 ）

这是将开花后开始损坏的花朵摘下来的过程。让枯萎的花保持原样不仅看起来会很糟糕，更会将养分用在生产种子上，使得之后的花朵难以开放。此外，残花上会形成霉菌，可能导致疾病。在修剪残花时，检查叶子和茎的变色或腐蚀情况，有助于及早发现病虫害。如果想欣赏雪山八仙花和金光菊等植物的冬季枯萎姿态或种穗（挂有种子的外观），也大可留下残花。

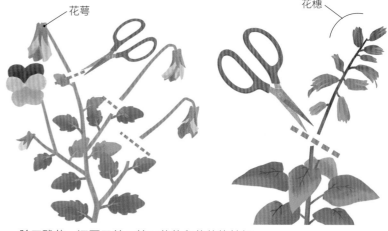

除了残花，还要用剪刀剪下花萼和花茎的基部。对于鼠尾草这样较长的花穗，要剪掉整个花穗。

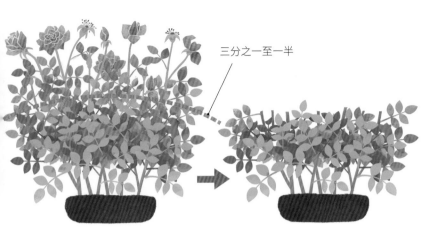

三分之一至一半

进行重剪,留下三分之一至一半。重剪之后,修剪的部位会萌发新的腋芽,并能够开出第二波和第三波花。

（重剪）

这是通过剪短过长的茎和枝条,使植物恢复活力的工作。花期长的植物会长出更多的茎和叶,使得整体外观变得杂乱无章。在夏季之前进行重剪也会防止植物变蔫。不用太担心切割的位置。不过,如果进行重剪的时间太晚或切得太短,整株植物可能会衰弱和枯萎,所以要多加注意。

一年生植物不需要重剪

一年生植物在开花后就会自然死亡。在开花期间,为了之后的花能盛开而进行修剪残花是可以的,但一般来说开花后的重剪是不需要的。不过,由于花期较长,对于那些过于拥挤或过度生长导致通风不良的植物,应该进行重剪。

（中耕）

这是疏松土壤表面的作业。对于宿根植物和树木等长期种在地里的植物,则会因降雨和浇水等使得土壤变硬,造成通气和排水不良。而通过定期的中耕,可以让新鲜空气进入土壤并改善排水性。

使用园艺叉或园艺铲,疏松植物周围的土壤,至约3cm深处。这样做也可以清除杂草。应该每3个月到半年进行一次。一年生植物的花坛则不需要。

约3cm

（追肥）

这是向生长中的植物施肥的工作。在中耕过程中松土时,将缓释肥料等混入土壤,可以提高肥料的效果。

缓释肥料

松土后,混入缓释肥料,平整土壤。

《一年生植物的整理》

一年生植物在花期过后，并不是通过重剪就可以再次开花。当开花结束后，它们开始枯死，当整株植物变得羸弱时，就进行拔除根系的工作吧。

用园艺铲等工具将植物连根拔出后，要清除土壤并对其进行处理。对于空出来的部分应用营养土或堆肥等填充，充分翻耕并平整土壤。

《多年生植物的整理》

多年生植物和宿根植物可以保持种植状态来迎接下一个花期，是不需要拔掉的。即使整株植物看起来已经枯萎，但地下部分仍然是活的。如果能得到妥善照顾，就可以长期观赏。

当地上部分枯萎时，在靠近地面处进行重剪。

《球根植物的整理》

对于花期结束的球根植物而言，当三分之二的叶子开始枯萎时，应将球根挖出并妥善保存。通常不需要每年都这样做，但由于有时球根会因高温、高湿或寒冷的天气而损伤，有的植物可能最好每年都这样做。至少也要每 2~3 年就将它们挖出来并整理一次。

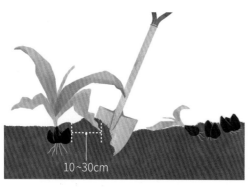

当地上叶子的大约三分之二已经枯萎时，用铁锹等工具从距离根部 10~30cm 处挖出球茎。小心地挖起球根，避免损伤，并清除土壤。

需要保湿储存的植物

●马蹄莲　●提灯花　●孤挺花　●美人蕉

●嘉兰　●大丽花　●百合 等

去除土壤后，用苯菌灵等杀菌剂浸泡消毒，然后埋入草炭中，装在塑料袋里，并保持稍微湿润。由于过多的水分会导致腐烂，不要完全密封塑料袋，保持稍湿一点的状态。

需要干燥储存的植物

●彩眼花　●欧洲银莲花　●葱　●伯利恒之星

●唐菖蒲　●红番花　●郁金香　●小苍兰

●花毛茛 等

去除土壤后，放在网兜或其他透气性好的袋子里，悬挂阴干约两星期，然后存放在阴凉处。

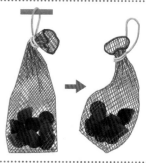

可以放任生长的植物

●红番花　●水仙花　●百子莲　●串铃花　●百合　●绵枣儿　●鸢尾

●春星韭　●大花葱　●秋水仙　●尼润　●原种郁金香　　●风信子 等

《换盆和分株》

种植在容器里或庭院里的多年生植物常常会长得太大，或在容器里长满根，会争夺养分，阻碍空气和光照进入植株内部，导致生长受阻。当根系从盆底或土壤表面冒出来时，或者当水难以渗透到容器中时，就应该重新换盆或分株。叶子发黄也是根部堵塞的一个迹象。即使是地栽，也最好每 2~3 年分株一次。

换盆的方法

1 在花盆中铺设切得足够大的垫底网片以覆盖盆孔，并在花盆中填入足够的盆底石，使土壤不会溢出来。

2 从盆底石的顶部开始，填入土壤，直到花盆高度的大约三分之一处。

3 如果要换盆的植物有硬化的根系，将手指伸到土球底部，轻轻地松开根系。如果有受损和变色的根，需要用剪刀剪除。

4 将植物放入盆中，加入土壤，直到盆沿下 2~3 厘米。没有填土的地方是留给水的空间，防止浇水时水溢出盆沿。

5 当填入土壤并整理好植株时，给植物浇水，直到有大量的水从花盆底部流出来。如果土壤下沉，加入更多的土壤并再次大量浇水。

关于用土

对于容器种植的换盆和分株来说，选择花草用的营养土会比较方便。如果它含有肥料，可以不加基肥就使用。

如果是自行混合用土，将赤玉土等基本用土，与腐叶土或堆肥，以 7:3 的比例混合配制，并根据土壤的分量适当添加肥料。

分株的方法

1 与换盆一样，在盆内铺上垫底网片，并添加盆底石，然后填入土壤，直到花盆高度的三分之一左右。

2 将植物分成 2~3 株。在植物的基部进行分割，用一把干净的刀切开。

3 按换盆的方法中步骤❹和❺那样，在盆中栽种植物。如果是地栽，请遵循种植幼苗（⇨ P146）的说明来操作。

树木种植和管理的方法

最好能一点点凑齐喜爱的植物

在庭院植物中，树木是极具存在感的。若是一个新的庭院，里面又空无一物，在初次种植的情况下，选择什么样的树木将决定整个庭院的氛围。

基本上来说，只要选择喜欢的树木就行，但树木却不能像花草般轻易地进行换盆。在决定了种植树木的目的和位置之后，应该想象着将来树木生长之后的样子，再进行树种的选择（⇨P44），这是很重要的。

种植树木的最佳时期因树种而各异。落叶树的最佳种植时期是在冬季的11月至次年3月，此时树叶已经脱落，树木处于休眠期；常绿阔叶树在初夏的6—7月，此时春季的生长已经告一段落；针叶树则是在4—5月。移植较大的成年树可能很困难，但自己可以栽种树苗。

由于树木的生长速度比花草要慢，往往会被放任不管，但如果不进行定期维护，它们常常会在几年后长得太大，无法再进行照管。因此每年至少也进行一次修剪和整理树枝，以保持庭院树木的姿态。

需要对树木进行的管理

庭院维护往往集中在花草上，但树木也需要一定的维护。
由于它们是庭院中体量很大的存在，如果不加注意，就会有损整个庭院的美观。

管理 **1**
修剪和整理树枝

修剪是用来去除树上不需要的树枝，以塑造形状并促进生长的工作（⇨P154）。它还能够通过截断树枝来防止树木长得太大，以控制其大小更符合庭院树木。由于树种的不同，有些生长缓慢，不需要进行大的修剪，但通过疏剪以改善树木内部的通风，也有助于控制病虫害。

管理 **2**
病虫害对策

如果对于病虫害放任不管，就会波及庭院里的所有植物。不仅是树木，所有的庭院植物都需要保护，防止病虫害（⇨P143）。害虫往往会吸引来疾病病毒等，因此，最好在冬季的卵期提前消灭它们。而在3—10月的温暖月份，需要经常检查新长出的枝、叶和花瓣，以便及早发现。

管理 **3**
施肥

虽然不施肥料树木也不会死亡，但为了欣赏美丽的花朵，结出丰硕的果实，保持强壮健康生长，也有需要肥料的时候（⇨P141）。在苗木种植后的第一年左右不太需要施肥，但从第二年起，应根据生长周期，每年施肥1~2次。

施肥的时机

冬肥
在12月至次年2月期间施用冬肥，这时大多数树木的生长都会休止。这是一种有助于春季发芽和整年生长的肥料。建议使用缓释的有机肥料。

礼肥
对于花木和果树，在开花和结果后施肥。它能给能量枯竭的树木带来活力。适合使用具有速效性的肥料。

树木的种植方法

购买的树苗尽量趁购买当天种植。如果无法做到，需要给土球浇水，以防止变干。
种植时就以根卷起来的状态进行，但要去除上面的无纺布、塑料袋或塑料绳。

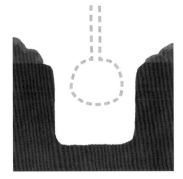

1 挖一个圆柱形的种植坑。直径和深度是土球大小的 1.5~2 倍。挖出的土壤应堆放在洞的周围。

2 将大约两把的腐叶土和一半量的固体有机肥料填入种植坑，然后用土覆盖其上。

3 在种植坑的中心将土堆成小山状，将幼苗安放好。土球应确保高于地表。对于嫁接苗，要确保嫁接的部分呈从种植坑中伸出状。

4 回填挖出的土壤，在树苗周围放置一圈土壤。在浇水时，这将起到盆的作用，防止浇水时水从周围流走。

5 充分地浇水。这时需要抓住树干摇晃，让水渗透到深处，促进生根。如果土壤下沉，用土壤填满该区域并再次浇水。

6 当水退去后，搭建支柱。将支柱斜插入土壤，用麻绳等将其固定在杉树皮包裹的树苗上。注意不要把绳子绑得太紧（⇨ P160）。

庭院营造建议

喜欢日照充足的树木和可以在阴凉处生长的树木

有些树木若是在光照不好的位置就难以生长，而另一些则能够在阴凉处茁壮成长。在种植庭院树木时，预先了解每个物种的特点很重要。

喜欢日照充足的植物		耐阴的植物		属于中间性质的植物	
○ 油橄榄	○ 丹桂	○ 花叶青木	○ 东北红豆杉	○ 绣球	○ 大花六道木
○ 麻叶绣线菊	○ 侧柏	○ 金叶日本冬青	○ 三裂树参	○ 野茉莉	○ 日本辛夷
○ 山茱萸	○ 垂柳	○ 红淡比	○ 瑞香	○ 茶梅	○ 光蜡树
○ 紫薇	○ 六月莓	○ 朱砂根	○ 齿叶木樨	○ 高山杜鹃	○ 小叶青冈
○ 台湾吊钟花	○ 红花檵木	○ 八角金盘		○ 山茶花	○ 蜡瓣花
○ 越橘	○ 迷迭香			○ 台湾十大功劳	
				○ 日本紫茎	

种植之后

当土壤表面变得干燥时，要大量浇水。一直到植物生根为止都要进行浇水，特别是在夏季，一定要防止其缺水。夏季的最佳浇水时间是傍晚，而冬季则是早晨。

大约一年后植物就会生根，之后就不需要浇水了。一旦长好了根系，就可以拆除支柱了。在生根之前不要施肥，因为根部不能很好地吸收肥料。

树木修剪的基本知识

为保持庭院的美丽，每年的修剪是必要的

修剪是树木管理中最必要的部分。修剪的实质是剪掉不需要的树枝，同时改善树木的形状，是以促进树木生长为目的的工作。

如果不修剪，就会增长太多的枝叶，将阻碍光线和空气进入树木内部，从而成为产生病虫害的原因。如果树形凌乱，长得过大，就会影响美观，有损于庭院的整体印象。此外，长得过长的树枝可能会伸到邻居家的房子里或路上，不仅会给他人造成不便，也有使人受伤的危险。

认为修剪是一项困难任务的人也不少。然而，如果了解树木的性质和基本的修剪方法，自己也能够操作。即使犯了一些错误，树木也不会立刻枯死，所以不用过于不安，可以挑战试试。

树木是庭院中能够长期生长的植物。如果每年进行适当的修剪，就会慢慢了解树枝的生长逻辑等，理应能够逐渐掌握修剪的技巧。

修剪的 4 个理由

自然界里的树木不用修剪也生长得很好，为什么庭院里的树木就需要修剪呢？
一起来了解一下其中的缘由吧。

理由 1 为了保持庭院美观

庭院中的树木影响着庭院的美观。树木长到无法处理那般大时，会使整个庭院看起来失去平衡。定期的修剪能够将庭院树木保持在一定大小。

理由 2 为了保持树木健康

过度生长的树枝和叶子会阻碍光线和空气通过树木内部，导致病虫害的发生，从而可能导致树枝的枯死。通过修剪，让光线和空气进入，剪掉老的树枝，以新的树枝进行更替，树木本身就会恢复活力，更加健康。

理由 3 为了获得更多鲜花和果实

也许修剪掉花芽可能会让人觉得很浪费，但不需要的枝条会分散养分和能量，导致花和果实的数量减少或变小。修剪也可以与疏果的收获相结合。

理由 4 为了保持周围地区的安全

放任生长的树枝可能会伸到邻近的庭院和道路上，可能会刮到或绊倒别人，造成伤害。另外，过度茂密的树木在台风等强风条件下也容易受到风的影响，可能会造成树枝断裂或树木倒下的后果。

修剪的类型

主要有三种修剪类型：疏剪、重剪和造型修剪。
重要的是记住使用哪种类型的修剪以及何时进行修剪。

疏剪

通过从基部剪掉不必要的或拥挤的枝条，减少枝条总量的修剪方式，也叫透枝修剪。这是一种无论哪种树木都适用的基本修剪类型。

修剪是在枝条的基部进行的，先从不必要的枝条开始修剪。

重剪

这是通过在过度生长的树枝或树干中部进行修剪，削减树木的体量或维持其体量的修剪方式。虽说是从中部开始修剪，但并不是指中部的任何地方，而是指长有芽和叶子部分的上方处。

新的枝条将从切口处生长出来。

造型修剪

这是为了塑造绿篱一类的高度和宽度，调整造型的修剪方式。用修枝剪均匀地修剪。有些树种在修剪后会变弱，因此有必要选择耐造型修剪的树种。

用造型修剪专用的剪刀均匀地修剪表面。

剪切树枝的方法

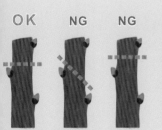

OK　NG　NG

在树枝的中部剪切

虽说重剪是在芽的上方剪切，但一般情况下，要如左图所示这样，在与芽的高度差不多的位置剪切。避免斜切面低于或远离芽。

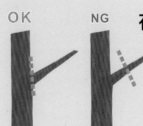

OK　NG

在树枝的基部剪切

从枝条基部进行疏剪时，要确保没有切剩的部分。任何残存的树枝都会显得不美观，并可能导致植物枯萎。

剪切厚重的树枝

直径大于 2cm 的枝条应分三次来剪切，因为如果一次性剪断，枝条的重量可能会使树干被扯裂。首先，将手锯的锯刃从下面插入离树枝基部不远的位置。接下来，在稍微靠近树枝末端的地方，从上面插入锯刃，切掉树枝的前端。最后，在树枝基部的位置，从上面来剪切掉剩余部分。

剪切垂直生长的树枝

这也是疏剪的一种，在枝条的基部进行切割。首先在基部的略上方位置横切，然后剪切树枝的剩余部分，使切面呈斜面。

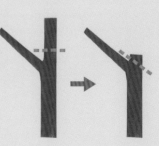

树木的修剪程序和要点

在适当的时期均衡地进行疏剪和重剪

　　修剪的关键是何时进行。如果不在适宜的时期进行，可能会导致开不了花、结不了果，或者枝条枯萎等问题发生。修剪的适宜时期取决于树木的种类，所以在种植前一定要先确认好。

　　修剪应该从疏剪（⇨ P155）开始，放眼树木整体，剪去不必要的枝条。不必要的枝条被称为"不要枝"，有枯枝、徒长枝和缠枝等许多种类。在树枝混杂在一起的位置，要进行剪切，以减少树枝的数量。而树枝的尖端要尽量保持轻盈，对于树枝的基部和树下，处理得整齐一些更自然。

　　为了保持树的大小，需要进行重剪（⇨ P155）。剪掉芽上方过长的枝条，使其更加紧凑。长得过高的树木可以通过切断主干、抑制树芯生长来使其变小。在切断主干时，应在与幼枝的交界处进行切断。

　　通过在疏剪和重剪之间保持良好的平衡，来维持树木的优美树形。

首先需要检查不要枝

修剪的第一步是从基部剪去不需要的枝条。
然而，如果本就是枝条数量不多的树种，也有可能留下不要枝。
观察整体分枝状况和平衡后再决定吧。

直立枝
枝条笔直向上生长。

平行枝
枝条向同一方向并排生长。在衡量之后，从基部剪掉其中一个枝条。

逆生枝
枝条向内侧生长。

横杠枝
枝条从同一高度生长在树干的相对两侧。从基部剪掉其中一个枝条。

下生枝
向下生长的树枝。

胴凸枝
直接从成年树的树干上长出的小枝，也被称为"干凸枝"。

缠枝
与另一个分枝纠缠在一起的枝条。

怀枝
在靠近树干的地方出现的新枝。

枯枝
枯萎了的枝条。

徒长枝
向上方或侧面势头强劲地生长的新枝。

轮枝
有几个分枝从一个位置放射式生长的枝条。在衡量之后，留一到两根树枝即可。

蘖枝
从植物的基部冒出的新枝。也叫"土棍"。通常从地面的位置切除，但有时也会从地面的位置切下老枝，留下蘖枝。

为了防止在修剪时出问题

如果修剪时没有考虑到树木的性质及其生长周期，就会出现各种问题。
请记住这些提示，以防止问题发生。

修剪要点 1 了解修剪的最佳时期

落叶树最好在 12 月至次年 2 月的休眠期进行修剪。最迟也应在 3 月完成。针叶树应在 4—5 月新芽活跃时进行修剪，而对于常绿阔叶树，建议在 6—7 月新芽生长活动平静时进行修剪。虽然不同地区和不同树种之间存在差异，但了解树木的生长周期会让人大致知道修剪的最佳时期。

修剪要点 2 深度的重剪应逐步进行

当在枝条的中部进行重剪时，树木往往会长出长势强劲的枝条。因此，如果想要使枝条更加紧凑，一次性深度重剪所有枝条，许多强壮的枝条就会从各处冒出来，树形就会变得凌乱。
重剪不能盲目开展，要预想到修剪处的树枝将如何生长，同时循序渐进，这样自然的树形就不容易崩坏了。为了防止树木长得比预期的大，建议每年检查一次树枝和叶子的状况，并进行重剪或整理树枝。

修剪要点 3 注意花木和果树的花芽情况

对于能欣赏花朵的花木，先了解一下每个树种的花芽长成位置和花芽形成时间吧。这一点也同样适用于开花后会结果的果树。花芽的生长周期因树种而异，所以修剪时要边检查花芽的状况边进行。注意花芽，并在合适的时间以正确的方式进行修剪，可以防止开花不良和产果不良之类的问题。

修剪要点 4 修剪粗枝后要涂抹愈合剂

在枝条修剪后的切面处，被称为"痂"的愈伤组织变得活跃，并试图封闭切面。然而，如果切口较大，则需要更长的时间来封闭。在此期间，细菌和病毒可能会通过切面入侵并导致疾病。若是切口直径大于 2cm，可以涂抹一种市面上售卖的愈合剂，以防止枝条枯萎。

花芽生长位置

了解花芽生长位置，有助于防止盲目修剪，避免花芽掉落。

长在枝条顶端的花芽

对于当年长出的枝条顶端有花芽的类型，要注意剪切的时期。

当年开花
夹竹桃、大轮金丝梅和紫薇等适合冬季修剪。

翌年开花
茶梅、高山杜鹃、杜鹃花、山茶花、紫玉兰、大花四照花和欧丁香等在开花后应尽快修剪。

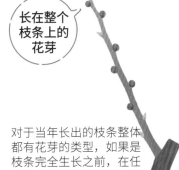

长在整个枝条上的花芽

对于当年长出的枝条整体都有花芽的类型，如果是枝条完全生长之前，在任何地方进行修剪都不会影响开花。

当年开花
大花六道木、凌霄花和扶桑应在新枝长出之前的冬季进行修剪。

翌年开花
绣球、红山紫茎和牡丹在开花后可以立即将枝条修剪截短。在冬季，可以边查看花芽边进行修剪，这样可以保留花芽。

长在枝条基部的花芽

对于当年长出的枝条基部有花芽的类型，只要不沿着枝条基部剪掉，相对来说在哪里修剪都行。然而，红梅、多花紫藤和贴梗海棠的花芽长在短枝上，所以不要剪掉短枝。

当年开花
丹桂、亚洲络石、柊树、花叶络石和日本紫珠适合在冬季修剪，5 月之后不要修剪。

翌年开花
红梅、多花紫藤、贴梗海棠、麻叶绣线菊和桃树等应在开花后修剪。棣棠花、珍珠花和连翘适合在开花后重剪长枝，以生出短枝和许多花芽。

顺应季节的特别管理

根据实际情况管理植物，避免造成损害

除了日常护理外，根据季节和气候条件，庭院植物可能还需要特别的管理。

面对夏季炎热潮湿的暑气、冬季有时低于冰点的寒冷和梅雨季持续的多雨，需要制定花草过夏、过冬和应对雨水的对策。如果是盆栽种植的可以移动的植物，可能需要调整放在庭院里的位置，或者在某些情况下最好移到室内。而地栽植物则应该进行遮阴或准备护根物，以抵御寒冷。

此外，近年来经常造成重大损失的台风，也正在造成越来越多的树木倒塌问题。这不仅仅是庭院里的问题，还可能对周围的房屋和路人构成危险。如果已发出台风预警，请提前做好预防措施。

夏天会有关于杂草的烦恼，所以提前了解一下如何减少杂草以及好的应对方式吧。

如果对这些管理对策有了更多的了解，就会对植物更有感情，而庭院的工作也应该会变得更有乐趣。

 # 过夏对策

不耐炎热、潮湿环境的植物并不少。在植株内部，蒸腾释放的水蒸气会吸引害虫并引发疾病，因此要采取防晒和防蒸腾措施。

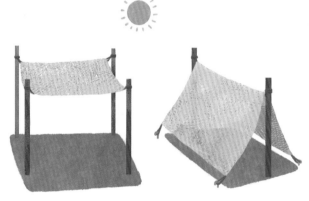

 防晒 在阳光直射的地方，竖起支柱，把寒冷纱像屋顶一样盖在上面，再用细绳固定，也可以利用墙或树，支起一个苇帘。

预防蒸腾 对于开花稀少的植株或叶子过于茂盛的绿叶植物，可在夏季将其重剪到一半的高度，改善植株内部的空气流通。

《 地栽 》

- ☑ 过于茂密的植物可以通过重剪来改善通风。
- ☑ 对于阳光直射的地方，用寒冷纱进行遮蔽。
- ☑ 用树皮碎片覆盖土壤表面，以缓和土壤温度的升高。
- ☑ 如果土壤表面干燥，植物缺乏活力，可在清晨或傍晚时分浇水（⇨ P142）。

《 盆栽 》

- ☑ 过于茂密的植物可以通过重剪来改善通风。
- ☑ 将其移到一个明亮的阴凉处。不要直接放在混凝土上，而要放在砖块等物体之上。
- ☑ 如果不能移动植物，用苇帘等遮挡阳光直射。
- ☑ 在一天中温度较低的时间段浇水（⇨ P142）。在植物周围的地面洒水也有助于降低温度。

过冬对策

植物所能够忍受的寒冷（耐寒温度）因种类而异，除了在寒冷的地方之外，冬季严寒时期的防寒措施也是必要的。避免将它们暴露在冷风中吧。

地栽

- ■ 用树皮碎片、腐叶土或落叶覆盖植物的基部，以保护其免受寒冷。
- ■ 用无纺布或寒冷纱覆盖整个植物，在防寒的基础上也能避风。
- ■ 为了防止植物被雪压倒，要设立支柱，将整个植物用绳子宽松地束起来。

防风

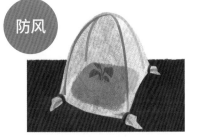

用金属丝或其他材料做一个圆顶状的支架，然后以无纺布或寒冷纱覆盖。用别针等物品来牢牢固定住，防止它们在风中飞走。

浇叶面水

浇叶面水就是用喷水壶给叶子浇水。虽然冬季要控制浇水，但在有暖气、干燥的房间里可以给叶子浇水。

盆栽

- ■ 将耐寒性差的植物放在室内向阳的位置来管理。
- ■ 室内很容易干燥，注意不要缺水，要给叶子多的植物浇叶面水。
- ■ 对于放不进室内的植物，用无纺布或塑料布覆盖它们，以保护它们免受寒冷。不要把它们直接放在地上，最好放在砖块上或使用花架。

防寒措施应在秋季就开展

对耐寒温度在 10°C 以上的植物采取防寒措施比较好，但增强植物本身具备的抗寒能力也很重要。从初秋开始逐步实践吧。

减少浇水

随着气温下降，生长速度减慢，许多植物进入休眠状态。由于其对水的需求也减少了，所以基本上需要保持干燥。从秋季开始，逐渐增加浇水的间隔，让植物习惯干燥的环境，这将有助于它们成长为强壮的植株。

减少施肥

在秋季的生长期好好施用肥料，植株就会长得健壮。但当天气开始变冷时要逐渐减少，并避免在休眠期施用。

放在阳光充足的地方

在阳光温和的秋季，将植物放在充足的阳光下照管。在缺乏日照的地方，植物会长出瘦弱的茎，无法长得强壮。

连阴雨对策

连日的雨水会损害花瓣，从而容易导致病虫害的发生。尤其是在梅雨季，气温开始上升，高温和高湿的环境会对植物造成很大的损伤。在梅雨季开始前就想好对策吧。

地栽

- □ 经常进行修剪残花，清除枯叶。
- □ 疏剪过度茂密的植物以改善通风。
- □ 为较高的植物架设支柱。
- □ 采取预防措施，防止泥浆飞溅。

盆栽

- □ 把它们移到一个远离雨水的地方，例如屋檐下。同时做好间隔，以确保良好的通风。尤其是喜干燥环境的植物以及花瓣薄、容易受损的植物，要优先移动。
- □ 如果是无法移动的花盆，也不要将其直接放在地上。
- □ 浇水要控制，且只在土壤表面干燥时浇水。

护根物

用树皮碎片、核桃壳等覆盖土壤，防止泥浆飞溅。在梅雨季过后，继续采取这种方式来作为过夏对策。

花架

将花盆直接放在地上，会成为蛞蝓和害虫的温床，所以用支架之类的东西吧。在连阴雨期间，不必使用盆盘。

检查庭院的排水条件

在新建的房屋中，可能很难判断庭院的排水情况，可能只有在大雨后才意识到是否是排水不畅的环境。

仔细检查排水沟在正常降雨期间是否正常排水，以及庭院里的水是否能在一夜之间退去。如果庭院里的排水系统比相邻的房屋更差，可能是排水环境不完善。请咨询施工公司吧。

🌥 强风对策

对于台风这类强风，不只给花草，给树木带来的影响也很大，会有树枝折断、树木倒下的危险。同时台风也经常伴随着雨水，所以防雨也是必要的。

树木的支柱

支柱应深深插入地面，使其与树呈约45°角相交，用绳子系起来固定住。在支柱的底部固定好根桩，使其以90°来支撑柱子。

将树固定在支柱上的时候，用杉树皮或麻布包住树干，用棕榈或麻的绳子来绑住。如果树高不到2m，只需1根支柱，如果再高一些，3根支柱也就足够了。如果使用3根支柱，要用绳子绑住支柱之间的交叉部分来固定。

暴风雨过后的检查

台风等暴风雨天气过后，要检查一下庭院和房屋周围。

首先，检查雨水排放系统是否正常工作，是否有断裂或倾斜的树木，以及房屋周围是否有破损的地方。断裂的枝条应在不影响裂缝的地方切除，并在切口处涂抹市面上贩卖的愈合剂，以防止疾病的感染等问题。

花草的叶子上经常会溅到泥浆，应该用浇灌喷头洗掉。在靠近海的地区，也应将树木用水冲洗，以防止盐害。

地栽

- ☐ 较高的花草和新种植的庭院树木应该搭起支柱，或者用绳子束住整个植物。
- ☐ 修剪过度茂密的庭院树木以改善通风。
- ☐ 对于可收获的果实，要在风吹落之前摘下。
- ☐ 清除残花和枯叶。
- ☐ 周围不要放置可能被风吹飞的东西，事先收拾干净。

盆栽

- ☐ 将其移到不受风影响的地方。若是无法移动，尽可能放置在靠近地面的地方，但如果伴有雨水，要注意防止泥浆飞溅。
- ☐ 若是高大又无法移动，从一开始就应该将其横放。
- ☐ 若是像吊篮等悬挂着垂下来的物品，需要全部取下来。

庭院营造建议

应对杂草的方法

在庭院里忙碌时，有时会觉得"与杂草的斗争真是无休止啊"。有的人一定会感叹，夏季的周末怎么光拔草就结束了。

如果想尽可能防止杂草生长，可以先在庭院中最不显眼的地方，以及碎石的下面都铺上防草布（⇨ P94）。

虽然这不适合用作地被植物的匍匐植物，但如果是以植株作为中心，也可以在种植区铺上防草布。对于将要进行庭院营造的人，可以灵活使用防草布。另外，杂草在没有光照的地方很难生长，因此建议用树木等来遮光，创造一个阴影庭院。

非庭院主人种植的植物往往会被视为杂草，但冷静地考虑它们是否真的会造成困扰，也很重要。此外，还有一个"选择性除草"的概念，即只有那些长得太高，通过地下茎大量生长或过度繁茂而造成困扰的杂草才应该被清除。

除非是想表现自己独特追求的种植空间，否则更建议创造一个可以与自然共存的自然空间。如果是通过自播种繁殖花草、管理适度即可的自然空间，杂草就不太会给人造成困扰。

如果觉得除草是一种痛苦，整个庭院的工作就会变得很有压力。找到应对杂草的合适方法吧。

5

易于小庭院使用的植物目录

以下列的主题为序,将介绍共计 187 种不同类型的植物,既有经典的,也有流行的。
敬请作为选择和种植植物的参考。

一年生植物 ＊ 二年生植物 ＊ 多年生植物 ＊ 宿根植物 ＊ 球根植物 ＊ 藤本植物
＊ 彩叶植物 ＊ 耐阴植物 ＊ 地被植物 ＊ 混栽植物 ＊ 药草植物 ＊ 蔷薇类植物 ＊ 乔木 ＊ 中乔木 ＊ 灌木 ＊ 果树

易于改造庭院的
一年生植物
和二年生植物

这是一种开花后就会凋谢的植物。推荐给那些希望每年都能欣赏到不同花卉的人群。

麦仙翁
Agrostemma

● 石竹亚科
● 株高：70~100cm
● 花期：5—6月

麦仙翁的小花虽然令人心生怜惜之感，但其实际上是原产地为欧洲的一种麦田杂草。它在排水良好、阳光充足的条件下生长最好，对土壤要求并不高。种子自然掉落播种且每年开花。

花色 ········ 🌸 🌸 🌸

孔雀草
Tagetes patula

● 菊科
● 株高：20~30cm
● 花期：5~7月，9~11月

这是一种万寿菊属矮株植物。它耐高温，但当温度上升到30℃以上时，开花效果很差，所以在8月修剪到一半的高度会比较好。该植物会在秋季再生并再次开花。

花色 ········ 🌸 🌸 🌸

蓝蓟花
Echium

● 紫草科
● 株高：20~90cm
● 花期：4月下旬至7月上旬

蓝蓟花虽耐寒，但在日本炎热潮湿的夏季表现不佳，因此被视为秋播的一年生植物。最好将其种在不被仲夏太阳西晒的地方。花穗上若有许多小花，应在花开完后剪去花穗。

花色 ········ 🌸 🌸 🌸 🌸

亚麻叶脐果草
Omphalodes linifolia

● 紫草科
● 株高：20~40cm
● 花期：4—6月

这是一种开白色小花，叶子呈银白色的美丽植物。由于不耐干旱，在移栽后不要断水并需保持良好的排水。它不耐高温和高湿度的环境，仲夏时节要避免阳光直射，适合混合种植。

花色 ········ 🌸 🌸 多色

紫罗兰
Matthiola incana

● 十字花科
● 株高：20~50cm
● 花期：10—5月

原为多年生植物，因为无法度过夏天，所以通常被视为一年生植物。花朵很香，在冬季作为切花很受欢迎。开花后，从根部切下花茎，往往会继续开花。耐寒性很强。

花色 ········ 🌸 🌸 🌸 🌸 🌸 多色

马齿苋
Portulaca

● 马齿苋科
● 株高：10~15cm
● 花期：5—10月

由于喜好阳光，在光线或天气条件不好的环境中不易开花。它耐高温，在西晒的地方也常常生长良好。肉质的叶子和匍匐生长的茎使它也能作为地被植物使用。

花色 ········ 🌸 🌸 🌸 🌸 🌸 🌸 多色

黄帝菊
Melampodium divaricatum

● 菊科
● 株高：20~60cm
● 花期：4—11月

这是一种流行的春播植物。它的生命力非常顽强，耐高温和高湿度，并会随着天气变热而迅速生长。许多品种都能长到很大，但对于那些有限的空间，推荐紧凑型的"百万柠檬"等品种。

花色 ········ 🌸 🌸

※由于种植地区和环境不同，一些植物在日本被视为一年生或二年生植物，但在它们的原产地，也是多年生的植物。 ※花朵的"多色"指的是在一朵花中呈现出多种颜色，是一种独特的花色表达方

波斯菊
Cosmos bipinnatus

- 菊科
- 株高:50~100cm
- 花期:5—11月

波斯菊是一种坚韧的植物,在阳光充足和空气流通的情况下生长良好。过多的肥料会导致植物生长得过大,所以使用基肥即可。由于茎秆较长容易倒下,最好增添支柱来管理。

花色 ········ 多色

夏堇
Torenia fournieri

- 玄参科
- 株高:20~25cm
- 花期:5—11月

该植物耐寒,容易生长,但在仲夏时节常缺水,易受虫害的影响。6—8月时,如果将其重剪并加以修理,在秋季也能开花。缺少肥料时叶色会变浅。

花色 ········

千日红
Gomphrena globosa

- 苋科
- 株高:15~70cm
- 花期:6—10月

这是一种观赏圆形苞片的可爱植物。它的观赏期很长,可以在7月左右进行重剪,并留下完整的叶子,以促进秋季开花。即使做干花也基本不会变色。

花色 ········

田车轴草
Trifolium arvense

- 豆科
- 株高:10~60cm
- 花期:4—5月

白色小花开完后,植株上会长满可爱的绒毛状粉色果穗。它是一种三叶草,无须太多照管也能通过自播种来大量生长。果穗也可以做成干花。

花色 ········

蕾丝花
Orlaya grandiflora

- 伞形科
- 株高:40~60cm
- 花期:4月中旬至6月

白色蕾丝般的花朵使这种植物具有可爱的外观,很受欢迎。它不耐高温和高湿度,在较温暖的地方可以作为秋播的一年生植物种植。夏季最好放在阴凉处照管。

花色 ········

百日菊
Zinnia

- 菊科
- 株高:20~80cm
- 花期:6—11月

这是一种适合夏季花坛的植物,因为它耐高温,在炎热的天气里也能开花。因为常常不断地开花,对初学者来说也容易种植。它天生耐旱,但干燥时开花效果不佳,所以需注意不要缺水,也被称为百日草。

花色 ········ 多色

花菱草
Eschschoizia california

- 罂粟科
- 株高:30~40cm
- 花期:3月中旬至6月

喇叭形的花朵向上生长。原为多年生植物,但由于不耐湿热,通常被视为一年生植物。它不适合被移植,因此应在秋季温度较低时直接播种,而非将幼苗换盆。别名加利福尼亚罂粟。

花色 ········

飞燕草
Consolida ajaccis

- 毛茛科
- 株高:80~100cm
- 花期:4—6月

这种飞燕草在其笔直的茎顶上有许多花,能给庭院带来亮点。要避免将其种植在与前一年相同的区域,因为它很容易因连续种植而得枯萎病,也被称为千鸟花。

花色 ········

花色 ⬜🟦⬛⬛⬛⬛⬛⬛ 多色

三色堇、堇菜
Viola

- 🔵 堇菜科
- 🔵 株高：10~25cm
- 🔵 花期：10月下旬至次年5月中旬

在阳光充足、通风良好的地方生长。待表土干燥时再浇水，避免过度湿润。大花品种被称为三色堇，直径约2cm的小花品种被称为堇菜。

花色 ⬛⬛⬛⬜⬛

长星花
Isotoma axillarisu

- 🔵 桔梗科
- 🔵 株高：20~40cm
- 🔵 花期：4—9月

长星花是一种多年生植物，开星形花，但由于无法在户外过冬，在日本被当作一年生植物。耐旱性强，如果种植在通风良好的地方，并在7月进行重剪，可以一直开花到10月。

花色 ⬜🟦⬛⬛⬛⬛ 多色

洋凤仙
Impatiens walleriana

- 🔵 凤仙花科
- 🔵 株高：20~30cm
- 🔵 花期：5—11月

洋凤仙枝叶繁茂，花朵繁多，在阴凉处生长良好。品种众多，其中重瓣的品种很受欢迎。在夏季进行追肥和重剪能够确保花期更为持久。

花色 ⬛⬛⬛⬛ 多色

天人菊
Gaillardia

- 🔵 菊科
- 🔵 株高：30~80cm
- 🔵 花期：5—10月

天人菊是一年生植物，而宿根天人菊是多年生植物。它的花期很长，而且耐高温，花期一直持续到夏季。由于不耐炎热、潮湿，应保持良好的通风。

花色 ⬛🟦

山芫荽
Cotula barbata

- 🔵 菊科
- 🔵 株高：10~20cm
- 🔵 花期：3—7月

小指尖大小的圆形黄色小花，漂亮而显眼。不耐高温和潮湿，夏天应该进行重剪及保持干燥管理。在较冷的气候条件下可以作为多年生植物种植，也被称为萤火虫花。

花色 ⬛⬛⬛⬛⬜ 多色

马鞭草
Verbena

- 🔵 马鞭草科
- 🔵 株高：15~20cm
- 🔵 花期：5—11月

马鞭草的花期很长，颜色也很丰富，是花坛中常见的混栽品种。喜充足阳光，炎热的夏季也能茁壮成长。具有宿根的品种在温暖的地方也可以过冬，别名为美女樱。

花色 ⬜⬛⬛⬛ 多色

雏菊
Bellis perennis

- 🔵 菊科
- 🔵 株高：10~20cm
- 🔵 花期：12月下旬至次年5月上旬

该植物不耐热，在夏季枯萎，秋季的盆苗会从冬季到初夏开花。它在阳光充足的地方生长良好，易于种植，可以承受低至-5℃的温度。

花色 ⬛⬜⬛⬛⬛⬛⬛ 多色

舞春花
Calibrachoa

- 🔵 茄科
- 🔵 株高：5~30cm
- 🔵 花期：4—11月

与矮牵牛花相似，但更小，花色也更丰富。韧性强，容易生长。追肥以及修剪残花或造型修剪将有助于花期的延长。

花色 ⬜🟦⬛⬛⬛

香雪球
Lobularia maritima

- 🔵 十字花科
- 🔵 株高：10~15cm
- 🔵 花期：1月至6月上旬，10—12月

它的特征是略带甜味的香气。横向蔓延展开，种植在花坛前列的观感很好。不喜酸性土壤，种植前应使用苦土石灰中和，适合混合种植。

花色 ⬜⬛⬛⬛

勿忘草
Myosotis sylvatica

- 🔵 紫草科
- 🔵 株高：20~30cm
- 🔵 花期：3月下旬至6月上旬

勿忘草在寒冷地区是多年生植物，尽管它不耐热，在非寒冷气候下开花后便会枯萎。偏好略微湿润的土壤，缺水会变得弱小，施肥过多则会导致开花不良。

花色 ⬛⬛⬛⬜⬛⬛ 多色

鼠尾草
Salvia

- 🔵 唇形科
- 🔵 株高：20~60cm
- 🔵 花期：5—11月

在其原产地是一种多年生植物，但此处视为一年生植物。喜充足的阳光和良好的排水性。如果在夏季开花后截至一半左右并施肥，秋季它也会开花。在温暖的气候条件下可以过冬。

花色 ⬛⬛⬛⬜⬛⬛ 多色

龙面花
Nemesia

- 🔵 玄参科
- 🔵 株高：15~30cm
- 🔵 花期：4—6月，9—12月

若是阳光不充足，茎容易因徒长而倒下。在冬季，要放在屋檐下或室内靠近窗户的地方，在没有霜冻的风险时再种植。除了一年生植物外也有宿根龙面花。

花色 —— ❀❀❀

硫华菊
Cosmos sulphreus

- 菊科
- 株高：30~100cm
- 花期：5—11月

它在阳光充足和排水良好的地方生长得最好。栽种前后和花盆里的土壤干燥时都需要浇水。当花朵减少时，可以修剪掉以产生更多的花朵。也适合混合种植。

花色 —— ❀

银边翠
Euphorbia marginata

- 大戟科
- 株高：80~100cm
- 花期：7—8月

银边翠会在夏季开小白花，但观赏价值更高的是覆盖着花的白色叶片。如果想要控制株高，在5月左右掐掉顶端的嫩芽，便会呈横向蔓延式生长。

花色 —— ❀❀❀❀ 多色

樱花草
Primula malacoides

- 报春花科
- 株高：20~40cm
- 花期：12月至次年4月

分大花品种和小花品种，大花品种对寒冷很敏感，冬季需要保护其免受寒冷。而小花品种通过自播种能够生长良好，在秋季阳光充足的地方种植，能够在户外过冬。

花色 —— ❀❀❀❀❀ 多色

矢车菊
Centaurea cyanus

- 菊科
- 株高：30~80cm
- 花期：3月下旬至6月

它与虎皮兰科的山地野草——鬼灯檠并非同物。在阳光充足和排水良好的地方能够生长良好。在酸性土壤中播种前，应先用苦土石灰中和土壤。

花色 —— ❀

白晶菊
Leucanthemum paludosum

- 菊科
- 株高：15~30cm
- 花期：12月至次年5月

白晶菊的植株呈球状，直径约3cm的白色花朵朝同一面开放。性耐寒，从冬天到次年初夏都可以欣赏到它的花，而且对初学者来说很容易种植。以自播种的方式能很好地增长数量。

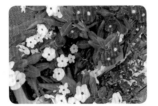

花色 —— ❀❀❀❀ 多色

长春花
Catharanthus roseus

- 夹竹桃科
- 株高：20~40cm
- 花期：5—11月

耐高温，即使在盛夏也能持续开花。但它不耐过度潮湿，若选择地栽，除仲夏时节外均不需要浇水。由于很容易被肥料烧毁，所以肥料施用量应低于规定浓度。

花色 —— ❀❀ 多色

金盏花
Calendula

- 菊科
- 株高：10~50cm
- 花期：10月至次年5月（取决于品种）

金盏花是对于初学者来说很好的选择，因为它不需要太多照顾就能生长良好。花开过后如果将开败的花及时切下，花朵可以一直盛放到初夏。有些品种在整个冬季也会继续开花。

花色 —— ❀❀❀ 多色

粉蝶花
Nemophila

- 田基麻科
- 株高：约20cm
- 花期：3—5月

该植物呈横向蔓延式生长，茂密的植株中会开出许多花。由于不适合被移植，盆苗应在不切断根部的情况下种植。喜凉爽气候和充足阳光。

花色 —— ❀❀❀❀❀❀ 多色

花烟草
Nicotiana alata

- 茄科
- 株高：30~60cm
- 花期：5—11月

植株应保持干燥，但在种植后10天内每天都要浇水，直到其定根。如果在开花后进行重剪，并且培育良好，植株将开花到深秋。它也被称为开花烟草。

花色 —— ❀❀❀❀

六倍利
Lobelia erinus

- 桔梗科
- 株高：15~20cm
- 花期：3—6月

虽不适合炎热天气，但也出现一些容易过夏的品种。如果在阳光充足、空气流通的地方种植，将会长得茂盛。同时也适用于混合种植。别名称作翠蝶花。

花色 —— ❀❀❀❀❀❀ 多色

翠菊
Callstephus chinensis

- 菊科
- 株高：20~100cm
- 花期：5—9月

由于不耐高温和潮湿，应稍微保持干燥。它不适合连年种植，每年应在不同的地方种植。酸性土壤应通过混入苦土石灰来中和，也被称为虾夷菊。

花色 —— ❀❀❀❀ 多色

黑种草
Nigella damascena

- 毛茛科
- 株高：40~100cm
- 花期：4月下旬至7月上旬

看起来像花瓣的是它的萼片。生性顽强，容易生长，应种植在阳光充足、通风良好的地方。花期过后的种子可以在9月至10月下旬直接播种。

年复一年地欣赏同样花朵的
多年生植物
和宿根植物

它们每年都会开花，无须换盆。
在冬季，宿根植物的地上部分将会枯萎，
而多年生植物则不会。

琉璃菊
Stokesia laevis

- 菊科
- 株高：30~40cm
- 花期：6—9月

它耐寒、耐热。喜充足阳光和良好
排水环境，如光照条件好，可任其
自由生长。株型不容易杂乱，对于
初学者来说也很容易管理。

花色 ········ ⬡ ⬢ ⬢ ⬢ ⬢

飞蓬菊
Erigeron

- 菊科
- 株高：5~50cm
- 花期：4—10月

匍匐舒展生长，每年都会开花，初
学者也容易种植。喜干燥，无论是
地栽还是盆栽，在种植后和干燥期
均需立即浇水。常用的加勒比飞蓬
菊也被称为源平小菊。

花色 ········ ⬢ ⬡ ⬢ ⬢ ⬢

翠雀
Delphinium

- 毛茛科
- 株高：80~150cm
- 花期：5—6月

有许多不同株型的翠雀，有精致
的，也有粗壮的。在寒冷地域，它
是一种宿根植物，但因难以过夏，
在日本这样较温暖地域中被视为一
年生植物。开花后获得的种子应
储存在阴凉处，并在秋季播种。

花色 ········ ⬡ ⬢ ⬢ ⬢ ⬢ 多色

天竺葵
Geranium

- 牻牛儿苗科
- 株高：10~30cm
- 花期：4—10月

较矮的品种很容易作为地被植物种
植，而较高的品种可以作为落叶树
的林下植物。有些品种的花期能够
持续到秋天。别名老鹳草。

花色 ········ ⬡ ⬢ ⬢

婆婆纳
Veronica

- 玄参科
- 株高：5~100cm
- 花期：4—7月，9—11月

它的花穗纤细而凉爽，是边缘花坛
的热门选择。它耐寒、耐热，适应
性强，所以矮株的品种可以作为地
被植物使用。

花色 ········ ⬢ ⬢ ⬢ ⬡

锦葵
Malva

- 锦葵科
- 株高：30~150cm
- 花期：5—8月

该植物耐寒、耐热，即使放养种植
也能生长良好。花期过后应在茎的
基部将花穗都剪去。它是一种宿根
植物，寿命为 4~5 年。用其花朵
制作的草药茶很受欢迎。

花色 ········ ⬡ ⬢ ⬢ ⬢

洋地黄
Digitalis

- 玄参科
- 株高：30~150cm
- 花期：5—7月

喇叭形的花是在穗状花序中产生
的。它是一种宿根植物，但由于不
耐高温，在某些环境中可被视为二
年生植物。切去开败的花后，还能
开出第二波花。长得过高时应架支
柱支撑，防止花枝折断。最好在向
阳或半阴环境下种植，并避免强烈
的西晒。

花色 ········ ⬡ ⬢ ⬢ ⬡ ⬢ ⬢ 多色

※虽然在它们的原产地是多年生植物，但在日本，由于种植地区和环境不同，也有一些植物被视为一年生或二年生植物。

多年生植物和宿根植物

芍药
Paeonia lactiflora

- 毛茛科
- 株高：60~120cm
- 花期：5—6月

因其类似玫瑰的花朵而非常受欢迎，但也有像山茶花一样简雅的品种。一根茎上会长出多个花蕾，但如果摘掉顶端以外的所有花蕾，就会得到一朵大花。它有着非常好闻的香味。

花色 —— ❀❀❀❀ 多色

非洲菊
Gerbera jamesonii

- 菊科
- 株高：30~60cm
- 花期：4—10月

具有四季开花的特性，最常在春季和秋季开花。它耐寒、耐热，但在阳光不足的情况下难以开花。它的生长和开花需要充足的水，但湿度不能太大。需谨防白粉病的发生。

花色 —— ❀❀❀❀❀ 多色

石竹
Dianthus

- 石竹科
- 株高：10~60cm
- 花期：4—11月

石竹是秋日七草之一——瞿麦的同类，有许多受欢迎的园艺品种。它不耐高温和潮湿，在砂质壤土等排水良好的地方生长最好。需种植在阳光充足、通风良好的位置。

花色 —— ❀❀❀❀❀

毛剪秋罗
Lychnis coronaria

- 石竹科
- 株高：60~100cm
- 花期：5—8月

叶子和茎上覆盖着白色的毛。生命力旺盛，但因不耐高温和潮湿，由于环境影响，也有两年左右就枯萎的情况。通过自播种能够生长良好，也很容易种植，也被称为醉仙翁。

花色 —— ❀❀❀ 多色

耧斗菜
Aquilegia

- 毛茛科
- 株高：10~50cm
- 花期：5—6月

它有许多园艺品种，以及各式各样的花形，初学者也能容易种植。性耐寒，在阴凉处也能生长良好。它喜欢排水良好的有机土壤。夏季适合半阴的环境，冬季适合避开北风的地方。

花色 —— ❀❀❀❀❀❀❀ 多色

银莲花
Anemone

- 毛茛科
- 株高：30~150cm
- 花期：8月中旬至11月

性耐寒，夏天可以放在一个半阴的位置。因缺水而叶子枯萎时会变得难看，所以夏天也需要浇水。避免在夏季施肥，可以在春季和秋季施肥。要小心白粉病。

花色 —— ❀❀

美国薄荷
Monarda

- 唇形科
- 株高：40~100cm
- 花期：6—9月

这种植物的茎很直，顶端有华丽的花朵。它耐寒暑易培育，但也易患白粉病，所以应保持通风良好。花有香味，有时会用来泡茶，也被称为蜂香薄荷。

花色 —— ❀❀❀❀

猫须草
Orthosiphon aristatus

- 唇形科
- 株高：50~60cm
- 花期：6—11月

这种植物的花蕊向上直立生长，很有个性。它不太耐寒，需要至少10℃的温度才能过冬，因此地栽时也常被认为是一年生植物。盆栽时应在室内过冬，也被称为肾茶。

花色 —— ❀❀❀

花色 —— 🌸🌸🌼

海石竹
Armeria

- 白花丹科
- 株高:5~60cm
- 花期:3~5月

可爱的球状花长在细长的茎的顶端。它耐高温、耐寒、耐旱，但不耐潮闷。即使夏季的强烈阳光也没关系，但在光线不足的情况下无法生长良好。

花色 —— 🌸🌸🌸🌼

东方罂粟
Papaver orientale

- 罂粟科
- 株高:40~100cm
- 花期:5~6月

花朵很大，颜色鲜艳。比起盆栽，更倾向于地栽。喜充足阳光，但不耐高温潮湿，所以夏天要避免西晒。保持良好的排水性很重要。

花色 —— 🌸🌸🌼 多色

山桃草
Gaura lindheimeri

- 柳叶菜科
- 株高:30~100cm
- 花期:5—11月

性坚韧，即使在夏天也能接连开花。生长期时会像成群蝴蝶般群生。它应该种植在至少有半天日照的地方，从种植到生根期间不要使其干燥缺水。

花色 —— 🌸🌸🌸🌼🌸🌸🌸

蓝盆花
Scabiosa

- 川续断科
- 株高:10~120cm
- 花期:4—10月

它以花期较长的蓝色花朵而被人所熟知。喜凉爽气候，不耐高温和潮湿，根据环境不同，也被视为一年生或二年生植物。它也被称为日本蓝盆花。

花色 —— 🌼

夏雪草
Cerastium tomentosum

- 石竹科
- 株高:10~20cm
- 花期:4~6月

它是美丽的常绿多年生植物，叶子呈银色。不耐高温，由于在温暖的地方难以过夏，有时被视为一年生植物。喜干燥环境，夏季应放在通风良好的半阴处。

花色 —— 🌼🌸🌸🌸🌸🌸 多色

圣诞玫瑰
Helleborus

- 毛茛科
- 株高:10~50cm
- 花期:1—3月

花形和花色丰富，具有阴凉处也能生长良好的坚韧性质。它是一种初学者也很容易种植的人气常绿多年生植物。落叶树下等地方是适合种植的环境。秋天新芽萌发时，应摘除老叶。

花色 —— 🌸🌸🌸

巧克力秋英
Cosmos atrosanguineusa

- 菊科
- 株高:30~70cm
- 花期:5—11月

它是一种颜色别致的球根花卉，喜充足阳光。推荐作为混合种植中的亮点植物。它的块根如果干燥则会枯萎，所以注意不要缺水。

花色 —— 🌼🌸

槭叶蚊子草
Filipendula multijuga

- 蔷薇科
- 株高:30~100cm
- 花期:5—7月

茎上有细密的分枝，有许多小花。它很耐寒，可以在阴凉处生长。在阳光下，应保持干燥，也被称为下野草。

花色 —— 🌸

蓝色岩旋花
Convolvulus sabatius

- 旋花科
- 株高:约10cm
- 花期:5~7月

它喇叭状的花朵只在光线充足的时候开放。经常开花，放任它也能很好地生长。由于会沿着地面匍匐生长，也可以作为地被植物。别名是蓝地毯。

花色 —— 🌼🌸

小白菊
Tanacetum parthenium

- 菊科
- 株高:15~100cm
- 花期:5—7月

它是多年生植物，但因耐高温和潮湿，被当作二年生植物。它应该种植在阳光充足、排水良好的地方，并防止冬季受冻。夏季要防止长期淋雨，保持在半阴凉处过夏，也被称为夏白菊。

花色 —— 🌸🌸🌸🌸🌼 多色

糖芥
Erysimum

- 十字花科
- 株高:20~50cm
- 花期:2—6月

常散发清爽的香味，形似紫罗兰的花朵。它不耐高温和潮湿，即使是多年生植物也常被视为一年生植物。如果在梅雨季前进行造型修剪，修剪到原先一半的大小，并注重排水，也能安稳过夏。

花色 —— 🌼🌸🌸🌸🌸 多色

天蓝绣球
Phlox paniculata

- 花荵科
- 株高:60~120cm
- 花期:6~9月

竖直伸展的茎的顶端长着锥状花序，有许多小花。性坚韧，但应防止白粉病。大约1个月施用1次液体肥料，也被称为花魁草。

花色 —— ❀❀❀❀

百子莲
Agapanthus

- ◉ 石蒜科
- ◉ 株高：30~150cm
- ◉ 花期：5月下旬至8月上旬

喜光线充足和排水性良好的环境，由于其适应性广泛，所以很容易种植。常绿品种更适合温暖的土地，而像德拉肯斯堡百子莲等落叶品种的耐寒性更强。要避免过度潮湿。

花色 —— ❀❀❀❀

落新妇
Astilbe

- ◉ 虎耳草科
- ◉ 株高：30~80cm
- ◉ 花期：5—7月

蓬松的花穗在漫长的雨季中很有活力，可以在阴凉处生长。由于夏季高温干燥会使植株变得虚弱，最好将植物放在有树荫或半阴的地方，并保持湿润。

花色 —— ❀❀❀❀

紫锥花
Echinacea

- ◉ 菊科
- ◉ 株高：30~100cm
- ◉ 花期：6月中旬至8月

培育起来不太费功夫，许多人喜欢把它作为切花或干花。在排水不良的环境中，梅雨很容易引发根部腐烂。它可以在春季或秋季通过播种或分株进行繁殖。

花色 —— ❀❀❀❀

龙胆
Gentiana scabra var. buergeri

- ◉ 龙胆科
- ◉ 株高：30~70cm
- ◉ 花期：9月下旬至10月中旬

应向阳培育，但在夏季最好将其放在遮阳的光亮阴凉处，以防止叶片烧焦。如果不采种子，则应在花期结束后从花茎的根基采摘。

花色 —— ❀❀❀❀

宿根紫苑
Aster

- ◉ 菊科
- ◉ 株高：30~180cm
- ◉ 花期：6—11月

一种紧凑的植物，品种多样，有的可以长到1m左右高。耐热耐寒，但在阴凉处生长得不好。大型品种应该用支柱支撑以防止倒下，也被称为孔雀紫苑。

花色 —— ❀❀❀❀ 多色

蓝扇花
Scaevola aemula

- ◉ 草海桐科
- ◉ 株高：10~30cm
- ◉ 花期：4~10月

开花时间，可连续开花，易于种植。由于不耐寒，在较凉爽的地方被视为一年生植物，但在较温暖的地方，地栽也可以过冬。应保护它免受强烈的霜冻。

花色 —— ❀❀❀❀

双距花
Diascia

- ◉ 玄参科
- ◉ 株高：10~40cm
- ◉ 花期：3~5月，10~12月

性耐寒，在冬季也能开花，为花坛增添色彩。从梅雨季到秋分前后都应将其放在淋不到雨的半阴处。在冬季，需放置在阳光充足的地方。

花色 —— ❀❀❀❀ 多色

金鸡菊
Coreopsis

- ◉ 菊科
- ◉ 株高：20~100cm
- ◉ 花期：5~10月

耐寒耐热，作为一种荒地上也能开花的野花被使用。初学者能轻松地培育。在6—7月，当花落之后，可将其修剪到一半大小。

花色 —— ❀❀❀

赛亚麻
Nierembergia

- ◉ 茄科
- ◉ 株高：10~30cm
- ◉ 花期：5~10月

它分成作为地面覆盖物很受欢迎的地毯赛亚麻品种、直立生长的赛亚麻品种、呈圆顶状的紫花赛亚麻品种等。紫花赛亚麻品种在夏季修剪后，秋季也常开花。

花色 —— ❀❀❀

蓝雏菊
Felicia

- ◉ 菊科
- ◉ 株高：20~50cm
- ◉ 花期：3~5月，10~12月

这种植物不耐高温和潮湿，应放置在不被雨淋的半阴处过夏。盆栽更容易管理，地栽应该选择不被雨淋的地方。从梅雨季到秋季都应保持干燥。

花色 —— ❀❀ 多色

金光菊
Rudbeckia

- ◉ 菊科
- ◉ 株高：40~150cm
- ◉ 花期：7~10月

花期长，耐高温和寒冷，初学者能容易种植。即使是大型的品种也可以通过修剪来使其更加紧凑。其中有作为特定外来物种被驱除的品种。

花色 —— ❀❀❀

裸苑
Miyamayomena

- ◉ 菊科
- ◉ 株高：20~50cm
- ◉ 花期：4~6月

这是一种在日本各地自然生长的忘都草的园艺品种。不耐高温或强烈的阳光，夏季应放在半阴处。开完花后的植株，应从与地面的交界处剪掉。

坚韧且易于生长的
球根植物

许多花卉具有季节性特征。
基本上，放养种植 4~5 年的程度也可以。

六出花
Alstromeria

- 六出花科
- 株高：10~200cm
- 花期：5—7月

由于喜充足阳光和良好排水性，不喜高温和潮湿，在雨季最好放在屋檐下保持干燥。它花色丰富，可以作为切花来欣赏。

花色 ······ ❀❀✿❀❀多色

红番花
Crocus

- 菖蒲科
- 株高：5~10cm
- 花期：2—4月

这是一种宣告春天到来的植物，适合在庭院里分散种植。耐热耐寒，易于种植。开花后最好进行追肥，以增加球根的大小。通过自然分球来增加数量。

花色 ❀✿❀多色

春星韭
Ipheion uniflorum

- 石蒜科
- 株高：10~25cm
- 花期：2—4月，11—12月

即使放养种植也能在春天开出星形的花朵，在半阴处也能生长良好。性坚韧，不太需要维护，因此很适合初学者。有些品种也能在冬季开花。别名也叫花韭。

花色 ······ ✿❀❀❀

酢浆草
Oxalis

- 酢浆草科
- 株高：5~30cm
- 花期：因品种而异

在阳光充足的地方生长良好，也能作为地被植物。有类似三叶草的叶子，开花时间因品种不同而异。由于生长旺盛，繁殖过多时应进行疏剪。要避免极端干旱。

花色 ······ ❀✿❀❀❀多色

西班牙蓝铃花
Hyacinthoides hispanica

- 天门冬科
- 株高：20~40cm
- 花期：3—5月

耐寒，耐高温，在半阴处也能生长。适合生长在落叶树下等环境。地上部分只在 4—6 月才有，通过自播种能很好地繁殖，也被称为吊钟水仙。

花色 ······ ❀❀❀✿

水仙花
Narcissus

- 石蒜科
- 株高：10~50cm
- 花期：11月中旬至次年4月

在初秋时节种植，可以从秋天一直欣赏到春天。最好在阳光充足和排水良好的地方培育。开花后，留下叶子并将花茎从根部剪掉。叶子应该在完全枯萎后剪掉。

花色 ······ ✿❀❀多色

夏雪片莲
Leucojum aestivum

- 石蒜科
- 株高：20~45cm
- 花期：3月中旬至4月中旬

有着可爱的下垂钟形花朵，若是在排水良好的地方半阴也能生长。放任生长也没关系，但如果开始丛生并数量增长，在叶子枯萎后把它挖出来，不要让它干枯，立即重新种植，也被称为铃兰水仙。

花色 ······ ✿❀

※虽然大丽花和六出花也会被归类为多年生植物，但本书根据学术分类将其归类为球根植物。

风信子
Hyacinthus orientalis

- 风信子科
- 株高:15~20cm
- 花期:3—4月

性耐寒,阴凉处也能生长,但在阳光充足的地方开花更好。开花后,应留下花茎并剪除开败的花。球根应在雨季前挖出,在室温下干燥储存,直到秋天,芳香四溢。

花色 ——

葱莲
Zephyranthes

- 石蒜科
- 株高:10~30cm
- 花期:5月下旬至10月

在半阴环境能接连开花,初学者能容易种植。密植会很漂亮,但经过4~5年难以开花,应在开花后将球茎挖出,也被称为玉帘。

花色 ——

郁金香
Tulipa

- 百合科
- 株高:10~70cm
- 花期:3月下旬至5月上旬

有各种各样的形状和颜色,是所有春季开花球根植物中最著名的,很受欢迎。应选用大而坚硬,没有斑点或生根的干净球根。地栽时要避免连年种植。播种时施一些基肥可以促进开花。

花色 —— 多色

串铃花
Muscari

- 百合科
- 株高:10~30cm
- 花期:3月至5月中旬

耐寒性强,喜阳光充足和排水性良好的环境。夏季休眠可在阴凉处,落叶树下等地方也很合适。通过自然分球增殖,即使疏于管理也能每年开花。

花色 ——

欧洲银莲花
Anemone coronaria

- 毛茛科
- 株高:15~50cm
- 花期:2—5月

由于在排水、通风良好的环境下放养也能开花,很适合初学者。耐寒性强。开败的花要勤摘,而盆栽时,夏季前地上部分枯萎后停止浇水,10月左右再恢复浇水。

花色 —— 多色

葱
Allium

- 百合科
- 株高:10~120cm
- 花期:4月中旬至6月

这是一种在茎的顶端开有圆形花朵的独特植物。应将其放在阳光充足、排水良好的地方管理。对于大花葱等较大的品种,开花后应该挖出球根。

花色 ——

花园仙客来
Cyclamen persicum

- 报春花科
- 株高:10~20cm
- 花期:10月至次年3月

比一般的仙客来更耐寒,在温暖地区可在室外过冬。如果放在阳光充足的地方管理,它将从秋天到次年春天持续开花,也适合混合种植。

花色 ——

大丽花
Dahlia

- 菊科
- 株高:20~200cm
- 花期:6月中旬至11月

它分大花、中花、小花,品种繁多且花期长。华丽的花形及丰富的花色使其可以应用在花坛或混植等场景,引人注目。保持良好的排水性,但也要注意不要过度控水。

花色 —— 多色

球根植物

以多样姿态为魅力的
藤本植物

根据藤本植物的生长状态，可以选择各种各样的品种。
选择地栽会容易过度繁殖，要特别注意。

常绿钩吻藤
Gelsemium sempervirens

- 钩吻科
- 藤长:300cm以上
- 花期:4—6月

常开花，香味与茉莉花相似，但有毒。生长旺盛，成丛伸展，喜向阳至半向阳处。修剪应在 5—6月开花后进行。

花色 ········

凌霄花
Campsis grandiflora

- 紫葳科
- 藤长:500~600cm
- 花期:7—8月

它是一种在夏季开出大花的落叶花木。通过气根攀爬上墙壁和树木。它很耐寒，但在阴凉处，即使有花蕾也可能不会开花，所以需要在阳光充足的地方种植。2—3月的落叶期时，应通过修剪来保持大小。

花色 ········

铁线莲
Clematis

- 毛茛科
- 藤长:30~300cm
- 花期:5—10月

以"藤本皇后"的称号被熟知，光自生种就有 300 多种。不喜过度干燥，且难以移植。光照不足时，开花情况很差。四季都开花的品种若在开花后进行修剪，则一年可赏花 2~4 次。

花色 ········ 多色

西番莲
Passiflora

- 西番莲科
- 藤长:300cm以上
- 花期:5—10月(因品种而异)

它可作为具有镇静功效的草药，用于缓解失眠。它是原产自南美洲的一种半常绿但耐寒的植物，适合做围栏的包覆。适合在 5—9 月修剪，也被称为热情果。

花色 ········ 多色

飘香藤
Mandevilla

- 夹竹桃科
- 藤长:30~300cm
- 花期:5—10月

色彩鲜艳的花朵非常耀眼，也可以作为绿帘。它的花期很长，即使在夏天也会开花，但若是阳光不足就不会开花，所以应放在有日照的环境中。如果藤蔓长得太长，可在 10 月左右将其剪至 30cm 左右。

花色 ········

茑萝
Ipomoea quamoclit

- 旋花科
- 藤长:300cm以上
- 花期:7—10月

星形的花朵很小，但颜色鲜艳，引人注目。性顽强，繁殖旺盛，常被用作绿帘。原为多年生植物，但因不耐寒而被当作一年生植物。应将其放在日照充足的地方管理。

花色 ········

多花素馨
Jasminum polyanthum

- 木樨科
- 藤长:200cm以上
- 花期:4—5月

常开花，有一种强烈的、甜美的香味，从远处就能闻到。耐高温，半常绿，是栅栏、拱门和花架处的良好选择。适合放在吹不到寒风的南侧。最好在开花后进行修剪。

花色 ········

蓝花丹
Plumbago auriculata

- 白花丹科
- 藤长：30~300cm
- 花期：5—11月

它是一种半藤本常绿灌木。性坚韧，花期长，对初学者来说容易种植。很容易生长旺盛，对于有限的空间，盆栽的方式更容易管理。光照不良将导致开花不良，也被称为蓝雪花。

花色 ——

倒地铃
Cardiospermum halicacabum

- 无患子科
- 藤长：100~300cm
- 花期：7—9月

它是一种会结像纸气球般的绿色袋状果实的一年生植物，作为绿帘很受欢迎。如果摘掉藤蔓的顶端，牵引其横卧生长，枝叶就会繁茂起来。种子呈独特的心形。

花色 ——

苘麻
Abutilon

- 锦葵科
- 藤长：20~150cm
- 花期：4—11月

它是一种常绿的热带植物，花朵下垂呈钟状。既有木本特性也有藤本特性，具有藤本特性时被称为"红萼苘麻"。避开冬季和北风的太阳朝向是最合适的。如果它长得太大，可以在4—5月进行重剪。

花色 ——

花叶地锦
Parthenocissus henryana

- 葡萄科
- 藤长：30~1000cm
- 花期：4—7月

它能伸出气根吸附，攀缘能力非常强。由于可以攀附在壁面上，很适合墙面绿化、凉棚或是围栏。半阴处也能生长，在10—11月可以看到美丽的红叶。修剪应在2—3月的落叶期进行。

花色 ——

叶子花
Bougainvillea

- 紫茉莉科
- 藤长：50~300cm
- 花期：6—10月

它是一种常绿灌木，缠绕物体生长并不断延展。花期长，能从初夏持续到秋天。耐寒性较强且在日本本土易于种植的品种"伊丽莎白安格斯"和"巴德夫人"，也适合地栽。修剪应在6月开花后进行。

花色 —— 多色

亚洲络石
Trachelospermum asiaticum

- 夹竹桃科
- 藤长：50~1000cm
- 花期：5—6月

它是一种耐寒的常绿灌木。它的叶子有光泽，开出的小花像风车般。比起阳光直射，它更适合生长在半阴的环境。生长旺盛但藤蔓较细，初学者也能很容易地管理。

花色 ——

贯月忍冬
Lonicera sempervirens

- 忍冬科
- 藤长：约300cm
- 花期：6—9月

有着甜美香味的花朵外部为红色，内部随着开花进程呈现白色—黄色—橙色的变化。非常坚韧，生命力强。它是一种常绿花木，但在日本关东地区以北也会落叶。应在冬季避开寒风。

花色 ——

素馨叶白英
Solanum jasminoides

- 茄科
- 藤长：50~200cm以上
- 花期：7—10月

它是一种常绿灌木。从夏天到秋天，星形的花朵在枝头开放。喜充足阳光和排水良好的土壤，可以在日本关东地区以南的室外过冬。修剪应在秋季或春季进行。

花色 ——

可作为主角来配置的
彩叶植物

叶的观赏价值高，彩叶植物是可供观赏叶子颜色和形态的植物。
即使在花朵稀少的时候，也可以将庭院装扮得华丽。

美人蕉
Canna

● 美人蕉科
● 株高：40~160cm
● 花期：6—11月

鲜艳的大花非常壮观，有着观赏价值较高的红、黄、白三色的斑叶或古铜色叶等类型，它是一种春植球根植物。当叶子枯萎时挖出球根，确保湿度并储存好。通过防寒可使过冬成为可能。

花色 ⬡ ⬢ ⬢ ⬢ 多色

毛地黄钓钟柳
Penstemon digitalis 'Husker Red'

● 玄参科
● 株高：60~80cm
● 花期：6—7月

吊钟形的花朵在长茎上簇拥而生。在冬季没有花的时候，美丽的铜色叶子会成为庭院中珍贵的一抹色彩。当花开完后，应将花茎从根部剪掉。

花色 ⬢

五彩苏
Coleus

● 唇形科
● 株高：20~100cm
● 观赏期：5—10月

有着美丽丰富的叶色，包括红色、黄色、酒红色和橙绿色。一旦出现花蕾，立即摘除以避免开花，这样可以更长时间地欣赏彩叶子。夏季最好不要让阳光直射，以免叶子变色。

麻兰
Phormium tenax

● 萱草科
● 株高：60~150cm

据说每隔几十年才会开一次花，有着狭窄而尖细的叶子呈扇子状延伸的姿态可供观赏。有红色叶、铜色叶、斑叶和几近黑色的紫色叶，向阳条件下生长时，叶子会变得更加坚挺。夏季时要注意因潮湿导致的根部腐烂。在寒冷的环境中，应在室内过冬。

肾形草
Heuchera

● 虎耳草科
● 株高：20~60cm
● 花期：5月至7月中旬

它有着颜色丰富的常青树叶，是打造全年别致配色的混栽时必不可少的彩叶植物。花朵和叶子一样美丽。阴凉处也能生长，不太需要管理。耐干燥，但需根据品种不同避免阳光直射。

花色 ⬢ ⬡ ⬢ ⬢

紫竹梅
Tradescantia pallida 'Purpurea'

● 鸭跖草科
● 株高：10~30cm
● 花期：7—9月

它是一种叶片呈亮紫色的窄叶植物。虽然茎是直立的，但随着生长会横向倒下并匍匐延伸。性坚韧，易于生长。可以在日本关东地区以西的室外过冬。最好是用护根物来抵挡霜冻以防寒。

花色 ⬢

花叶络石
Trachelospermum asiaticum 'Hatsuyukikazura'

● 夹竹桃科
● 藤长：30~50cm
● 花期：5—6月

它是亚洲络石的园艺品种，具有漂亮的粉红色和白色斑纹。虽然在日照不好的情况下斑纹的显色会变差，但夏季也需避免阳光直射，也适合作为地被植物。

花色 ⬡

白及
Bletilla

- 兰科
- 株高：40~50cm
- 花期：5—6月

这种兰花自古以来一直很受欢迎，耐寒、耐高温，性坚韧而易培育，对初学者也很推荐。它是一种宿根植物，其地上的叶子在冬季枯萎，在春天再次发芽。喜充足阳光，但在半阴处也能生长良好。有些品种的叶子有条纹状的斑。

花色 ——

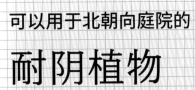

可以用于北朝向庭院的
耐阴植物

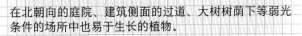

在北朝向的庭院、建筑侧面的过道、大树树荫下等弱光条件的场所中也易于生长的植物。

彩叶植物

耐阴植物

日本鸢尾
Iris japonica

- 鸢尾科
- 株高：30~40cm
- 花期：5—6月

它是常绿多年生植物，白色花瓣上有着紫色和黄色的独特图案。以地下茎来良好地增殖，成群生长。在略微潮湿的明亮阴凉处生长最好。只要排水良好，对土壤不挑剔。若是盆栽，应每年换盆。

花色 ——

紫斑风铃草
Campanula punctate var.punctata

- 桔梗科
- 株高：30~80cm
- 花期：5月下旬至7月

它是一种有着下垂吊钟形花朵的多年生植物。以地下茎来良好地增殖。最好在向阳或明亮的阴凉处种植，避免阳光直射。很容易受到甘蓝夜蛾的损害，所以在5—6月应多加注意。

花色 ——

阔叶山麦冬
Liriope muscari

- 百合科
- 株高：20~40cm
- 花期：8—10月

它是一种常绿的多年生植物，叶子狭长下垂，开花时有长长的花穗。株型不会杂乱，作为林下植物时有多种用法。在阴凉处也能生长良好，但开花会变得较少。如果在春天把老叶子从根部剪掉，看起来会很不错。

花色 ——

秋海棠
Begonia grandis

- 秋海棠科
- 株高：40~80cm
- 花期：7月下旬至10月上旬

这种有球根的多年生植物属于秋海棠的同类。耐寒性强，最适合种植在落叶树下的半阴环境中，喜有机质丰富的土壤。若是在潮湿的环境中，不需要太多照顾也能很好地生长。

花色 ——

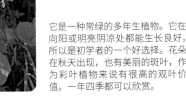

大吴风草
Farfugium japonicum

- 菊科
- 株高：20~50cm
- 花期：10—12月

它是一种常绿的多年生植物。它在向阳或明亮阴凉处都能生长良好，所以是初学者的一个好选择。花朵在秋天出现，也有美丽的斑叶，作为彩叶植物来说有很高的观叶价值。一年四季都可以欣赏。

花色 ——

玉簪
Hosta

- 百合科
- 株高：10~60cm
- 花期：6—9月

叶子具有很强的观赏性，许多品种都有着不同的斑叶和叶形。地栽时避免极度干燥的土壤，叶片枯萎时需要浇水。它是一种多年生植物，地上部分会在冬季枯萎，也被称为拟宝珠。

花色 ——

将空隙填补起来的
地被植物

作为自然风庭院中不可或缺的部分，地被植物是填补较小空隙的一类便利植物。

活血丹
Glechoma

- 唇形科
- 株高：5~10cm
- 花期：4—5月

斑叶的类型比花更有吸引力。耐热耐寒，阴凉处也可以生长，但不耐干旱。地栽时最好每隔几年就重新种植，以保持良好外观。如遇生长不良，施用液体肥料即可。

花色 ⋯⋯⋯

蔓长春花
Vinca major

- 夹竹桃科
- 藤长：100cm以上
- 花期：3月下旬至6月上旬

花朵在春天出现，但叶子也具观赏性，一年四季都可以欣赏。耐寒耐热，如果避免过湿的环境则更容易生长。小蔓长春花作为其小型的同类品种，在阴凉处也能生长良好。

花色 ⋯⋯⋯

景天
Sedum

- 景天科
- 株高：2~60cm
- 花期：因品种而异

这种易于培育的多肉植物有着各种各样的类型。适合作为地被植物的是像苔景天和圆扇八宝这样茎部横向生长成簇的类型。

花色 ⋯⋯⋯ 因品种而异

头花蓼
Persicaria capitata

- 蓼科
- 藤长：50cm
- 花期：4—11月

一种藤本的多年生植物，在阴凉处也能生长，耐高温和干旱。长势过于繁茂时，应适当地重剪和管理。在天气变得寒冷时叶子也会变红，可以在日本关东地区以西过冬，也被称为草石椒。

花色 ⋯⋯⋯

马蹄金
Dicondra

- 旋花科
- 株高：5~10cm
- 花期：4—7月

有着心形的叶子，可作为地被植物或悬挂植物使用。不太耐寒，喜欢干燥、向阳的环境。长有美丽的银色叶片，但不耐夏季的闷热。每年进行重剪几次，使叶子更加茂密，以改善外观，也被称为铜钱草。

花色 ⋯⋯⋯

千叶兰
Muehlenbeckia

- 蓼科
- 藤长：500cm
- 花期：5—7月

它是藤本植物，在阴凉处能生长良好。若是干燥则藤条难以生长，所以在干燥期，地栽最好适当浇水，也适用于混栽和吊篮，可以在日本关东地区以西的地方过冬。

花色 ⋯⋯⋯

野草莓
Fragaria vesca

- 蔷薇科
- 株高：10~20cm
- 花期：4—6月

开花后结的红色小果可以食用。虽耐热耐寒，但如果水分不足，叶子容易枯萎，所以需要充分浇水。地栽时不需要施肥。

花色 ⋯⋯⋯

倒挂金钟
Fuchsia

- 柳叶菜科
- 株高:30~70cm
- 花期:4—7月,10—11月

花朵形似穿裙子的人在跳舞般,是一种惹人喜爱的灌木。花朵朝下开,因此易于应用在吊篮等方式中。由于不耐炎热潮湿,夏季应种植在保持良好通风的半阴处。冬天应保持在室内管理。较高的品种可以长到100~150cm。

花色 ⬜⬛⬛⬛⬛ 多色

在容器中绽放美丽的
混栽植物

容器中的混栽植物也可以作为庭院的一个亮点。最适合混栽的是那些生长茂盛的植物。

盾叶天竺葵
Pelargonium ivy-leaved Group

- 牻牛儿苗科
- 株高:15~30cm
- 花期:4月至7月中旬,9—11月

花期很长,如果在春季开花后修剪,将在秋季继续开花,而在阳光充足的情况下,可以开到冬季。有着下垂的茎,最好作为悬挂植物或混栽植物的下层花来种植。

花色 ⬛⬛⬜⬛⬛ 多色

雪朵花
Sutera

- 玄参科
- 株高:10~20cm
- 花期:1—6月,9—12月

这种植物具有下垂的茎,能使其成为混栽时漂亮的镶边植物。夏季应放在半阴处,冬季应放在室内或屋檐下管理。在 6—9月,最好修剪到枝条上只剩下少许叶子的程度,也被称为裂口花。

花色 ⬜⬛⬛

柳南香
Crowea

- 芸香科
- 株高:30~70cm
- 花期:5—11月

这种常绿灌木原产于澳大利亚。它从春天到初冬都会开出星形的花朵,但如果气温适宜,也会在冬天开花。不耐高温高湿,夏季如持续降雨,应避免淋雨,冬季应在不受冻的地方管理,也被称为南十字星。

花色 ⬛⬜

花毛茛
Ranunculus asiaticus

- 毛茛科
- 株高:30~50cm
- 花期:3—5月

多层的重叠花瓣形状圆润,它是一种惹人喜爱的秋种球根植物。球茎应在 6 月挖出,储存在干燥、阴凉的地方,在 10 月栽种。不耐炎热寒冷。若是酸性的土壤环境,应先用苦土石灰中和。

花色 ⬜⬛⬛⬛⬛⬛ 多色

地锦
Parthenocissus

- 葡萄科
- 藤长:100cm以上
- 花期:3—6月

它是一种有着一簇簇垂下来的绿色五瓣叶的藤本植物,作为观叶植物很受欢迎。不耐寒。仲夏时节,最好把它放在遮光的位置,以防止叶子被烧焦。修剪应在 4—10 月间进行。

花色 ⬜⬛⬜

矮牵牛
Petunia

- 茄科
- 株高:10~30cm
- 花期:4—11月

品种较多,有各式各样的类型,性坚韧易于栽培,因此适合初学者。由于浇水和下雨时溅落的泥而容易害病,需特别注意。开花期间最好每月施用 2~3 次液体肥料,以保持良好的花色。

花色 ⬛⬜⬛⬛⬛⬛ 多色

用于厨房花园的
药草植物

药草植物兼具实用性，对初学者来说也容易栽培，可以十分便利地作为填补空隙的绿叶。

紫苏
Perilla frutescens

● 唇形科
● 株高：70~80cm
● 花期：8月至10月上旬

它具有抗氧化、防腐和抗过敏的特性。在日本也被称为大叶，作为带香味的蔬菜使用。由于繁殖力很强，所以比起地栽，盆栽的方式更容易管理。一般来说喜欢阳光充足的环境，但在夏天最好放置在半阴的地方。需注意夏季出现的叶螨。

花色 ⋯⋯⋯

德国洋甘菊
Matricaria chamomilla

● 菊科
● 株高：30~60cm
● 花期：3—5月

它是德国一种常见的一年生植物，具有药用价值。它有很强的抗炎作用，可用于缓解花粉症和失眠。耐寒性强但耐热性略微较弱，喜欢干燥的环境。有一种甜美的苹果般的香味，经常作为茶饮用。

花色 ⋯⋯⋯

欧芹
Petroselinum neapolitanum

● 伞形科
● 株高：20~30cm
● 花期：6月中旬至7月

它是原产于地中海的一种耐寒的二年生药草植物。含有丰富的营养物质，有促进月经和美肤的作用。它不喜欢被移植，所以不要破坏幼苗的土球是处理要点。虽耐高温，但在夏季也不要让其变得干燥。

花色 ⋯⋯⋯

罗勒
Ocimum basilicum

● 唇形科
● 株高：30~60cm
● 花期：6—9月

它具有抗炎的作用，并能舒缓喉咙和鼻子的疼痛。叶子有一种强烈的香味，会让人想到香料的味道。开花后叶子变得僵硬，但香味会加重。对寒冷非常不耐受，同时也不耐干旱，所以要注意不要缺水。在收摘柔软叶子的同时，最好也进行摘心。

花色 ⋯⋯⋯

牛至
Origanum vulgare

● 唇形科
● 株高：40~80cm
● 花期：5—6月

它具有促进消化、缓解炎症和头痛以及镇咳的作用。叶子可用于烹饪，与西红柿能够很好地搭配。生命力旺盛，容易生长。若是地栽的方式，每隔2~3年需要进行分株。应勤收割，使其不要过于成熟。

花色 ⋯⋯⋯

百里香
Thymus

● 唇形科
● 株高：5~30cm
● 花期：4—6月

它有很强的杀菌作用，可以饮用以缓解感冒、过敏性鼻炎和哮喘的症状。它还被用于调味和去除鱼腥味。生命力旺盛，容易生长。过度繁茂时应适度进行造型修剪，不要过于成熟。

花色 ⋯⋯⋯

芫荽
Coriandrum sativum

● 伞形科
● 株高：40~60cm
● 花期：5—7月

它有促进消化和增进食欲的作用。咀嚼叶子时会产生令人不快的气味，但种子有鲜辣的香味，是咖喱中必不可少的调料。在夏季不要让其干燥。耐寒性高，如果不受霜冻，可以过冬，也被称为香菜。

花色 ⋯⋯⋯

琉璃苣
Borago officinalis

- 紫草科
- 株高：30~100cm
- 花期：4月中旬至7月

它是一年生药草植物，会开许多星形的蓝色小花。有着可食用的花，可以撒在沙拉上，或者用于蜜饯和冰块中。收割最好选在开花之日的早晨。不耐高温和高湿度环境，喜欢充足的阳光和肥沃的土壤。它是一种能促进草莓产果的伴生植物。

花色

细香葱
Allium schoenoprasum

- 百合科
- 株高：30~50cm
- 花期：4—7月

作为葱的同类，适合与玫瑰花一起混栽，以防止害虫。有着漂亮的花朵和类似北葱的叶子，也常用于烹饪。具有耐寒性，但不耐高温和干燥。在冬季，即使地上部分已经枯萎，根部仍然活着，所以需要适当浇水。

花色

薄荷
Mentha

- 唇形科
- 株高：5~100cm
- 花期：7—9月

它具有出色的镇静作用，能防止烧心，缓解晕车，促进消化。可作为茶饮用，可在饭后用于清爽口腔。有许多变种，在香型和株型上各不相同。性坚韧且容易繁殖，用盆栽的方式可以更易于管理。

花色

有喙欧芹
Anthriscus cerefolium

- 伞形科
- 株高：20~60cm
- 花期：5—7月

具有发汗、促进消化和排毒的作用，与各种类型的食物都能很好地搭配。有着精致的香味，会在春天开出白色蕾丝般的花朵。喜欢有良好通风的明亮阴凉处。最好选择直接播种培育，然后间苗、收获。

花色

香蜂花
Melissa officinalis

- 唇形科
- 株高：30~60cm
- 花期：6月中旬至7月

由于具有振奋和恢复健康心灵的作用，也被称为"重返年轻的药草"。叶子有一种甜美的柠檬香味，能使人神清气爽。喜欢充足光照，但不耐阳光直射，所以要放在明亮的阴凉处。性坚韧，易于生长，也被称为薄荷香脂。

花色

莳萝
Anethum graveolens

- 伞形科
- 株高：60~100cm
- 花期：5—7月

自古埃及时代就被称为"鱼的药草"，用于制作鱼的菜肴或腌制鱼。耐寒性高，不耐高温干燥。不喜欢被移植，所以将种子直接播种或育苗移栽的时候，注意不要破坏根系。

花色

迷迭香
Rosmarinus officinalis

- 唇形科
- 株高：30~150cm
- 花期：11月至次年5月

它具有促进血液循环、促进消化和提神醒脑作用。在指间揉搓时会产生类似樟脑的香味，推荐作为清晨茶饮，能令人头脑清醒。它有直立性和匍匐性两种品种，喜欢干燥的环境。应防止枝条老化，通过勤收割和修剪以促进新芽生长。

花色

旱金莲
Tropaeolum majus

- 旱金莲科
- 株高：20~30cm
- 花期：4—7月

它有一种类似芥末的刺激性辛辣味道，叶子中富含维生素C和铁元素，具有美肤和改善贫血的作用。不耐高温和高湿度，夏天要通风良好并保持干燥。如果能够安然过夏，秋天也会开花。

花色

药草植物

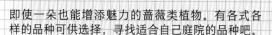

让庭院华丽多彩的

蔷薇类植物

即使一朵也能增添魅力的蔷薇类植物。有各式各样的品种可供选择，寻找适合自己庭院的品种吧。

香杏
Fragrant Apricot
- 品类：丰花月季，四季开花
- 株型株高：直立型，120cm
- 花朵尺寸：半剑瓣高心状，10cm

花朵呈柔和的杏色，很有魅力，有着很浓的果香味。植株形态紧凑，簇生，也适合在容器中栽培，能够连续开花，对于初学者来说很容易种植。

伊芙伯爵
Yves Piaget
- 品类：杂交茶香月季，四季开花
- 株型株高：半横生型，120cm
- 花朵尺寸：芍药状，14cm

它有着薰衣草色泽的玫瑰粉色花朵，具有锯齿状边缘的褶皱花瓣，有强烈的大马士革现代香味。簇生，大花显著。若使其逐年增长枝条和花朵数量，将会非常华丽。

法国花边
French Lace
- 品类：丰花月季，四季开花
- 株型株高：半直立型，130cm
- 花朵尺寸：半剑瓣状，9cm

分枝多，开花效果好。花瓣边缘呈波浪形。有着芬芳的茶系香味。天气炎热时，下部的叶子容易发黄。枝条很细，刺略大，还有"粉色法国花边"的品种。

肯特公主
Princess Alexandra of Kent
- 品类：灌木月季，四季开花
- 株型株高：开帐型，120cm
- 花朵尺寸：深杯状-玫瑰花状，11cm

颜色和形状都很美，花朵很大，花瓣紧密相连。它有着在茶香基础上混合果香的味道，是一个易于展开生长的品种。

波莱罗
Bolero
- 品类：丰花月季，四季开花
- 株型株高：半横生型，100cm
- 花朵尺寸：玫瑰花状，10cm

3~4朵花簇生，它是香味浓郁的受欢迎品种。纤细的、略微下倾的茎呈现出娇嫩的外观，但它非常抗病且容易生长。由于形态紧凑，盆栽也很适合。

葡萄冰山
Burgundy Iceberg
- 品类：丰花月季，四季开花
- 株型株高：半横生型，140cm
- 花朵尺寸：圆瓣半重瓣状，8cm

它是著名的白月季"冰山"的一个变种，具有天鹅绒般的深玫红色。花朵簇生，给人以成熟的印象。与"冰山"一样，是一个坚韧而可靠的常开花品种。

摩纳哥公主
Princesse de Monaco
- 品类：杂交茶香月季，四季开花
- 株型株高：半横生型，120cm
- 花朵尺寸：半剑瓣高心状，12cm

花朵形状丰满，花瓣上有漂亮的桃红色边缘。叶子很美有光泽，与花朵相得益彰，单看一朵花也很好看。香味适中。在阳光充足的地方能够坚韧地茁壮生长。

夏雪（藤本）
Summer Snow, Climbing

- 品类：藤本月季，丰花月季，单季开花
- 株型株高：藤本型，300cm
- 花朵尺寸：圆瓣半重瓣状，5cm

花朵非常持久，盛开时可以开满整株植物。具有无刺的柔韧枝条，初学者也很容易牵引。粉红色系花朵的品种有"粉红夏雪"。

冰山（藤本）
Iceberg, Climbing

- 品类：藤本月季，单季开花
- 株型株高：藤本型，400cm
- 花朵尺寸：圆瓣半重瓣状，8cm

纯白清秀的花朵呈下垂状，成簇开放，它是一个受欢迎的品种。开花效果极佳，若是牵引其攀缘在凉棚等地方，会很值得一看。

龙沙宝石
Pierre de Ronsard

- 品类：大花藤本月季，较为重复开花
- 株型株高：藤本型，300cm
- 花朵尺寸：玫瑰花状，9~12cm

中心呈粉红色，外侧呈白色，很受欢迎。一般1~3朵成簇下垂开放。繁殖力旺盛，花朵持久。即使由于白粉病等病害落叶了也不会枯死。

木香花
Rosa banksiae

- 品类：野生月季，单季开花
- 株型株高：藤本型，400cm
- 花朵尺寸：重瓣玫瑰花状，3cm

花瓣较多，纤小的花朵成簇开放，开花早。枝条细而多分枝，开花时花朵覆盖整个枝条。无刺，常绿，容易管理。略微有一点香味。清秀的白花品种（单瓣白木香）也很受欢迎。

皇家落日
Royal Sunset

- 品类：大花藤本月季，四季开花
- 株型株高：藤本型，300cm
- 花朵尺寸：圆瓣重瓣状，10cm

花朵呈深杏色，随着开花进程而褪色。花瓣呈轻柔的波浪状，若是牵引上围栏，秋天也可以常开花。有着强烈的大马士革香味。枝条很硬，但截短后也能开花。

新曙光
New Dawn

- 品类：大花藤本月季，重复开花
- 株型株高：藤本型，350cm
- 花朵尺寸：半剑瓣高心状，8cm

簇生，有着柔粉色的圆形花朵。淡淡的香味给人以清秀的印象，在阴凉处等条件不太好的地方也能旺盛生长，抗病力强。具有坚韧、有光泽的叶片。在北朝向的庭院中，是常用于栅栏和墙壁上的品种。

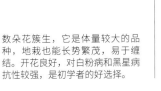

皇家树莓
Raspberry Royal

- 品类：灌木月季，四季开花
- 株型株高：半横生型，80cm
- 花朵尺寸：深杯状，4cm

数朵花簇生，它是体量较大的品种，地栽也能长势繁茂，易于缠结。开花良好，对白粉病和黑星病抗性较强，是初学者的好选择。

巧克力欧蕾
Cioccofiore

- 品类：微型月季，四季开花
- 株型株高：直立型，80cm
- 花朵尺寸：半剑瓣状，7cm

这种玫瑰具有带橙色调的深棕色系的独特花色，3~5朵花成簇而生。开花数量一般，但持续时间长，随开花进程而变成粉红色。

蔷薇类植物

能作为主景树的

乔木和中乔木

若想在小庭院中妥善管理，则需要定期修剪。

主景树是庭院的焦点，可以长到2m以上。

花色 ……… ✿

日本紫茎

Stewartia monadelpha

◎ 山茶科
◎ 树高：7~15m
◎ 花期：6—7月
◎ 修剪时期：12月至次年2月

它是一种落叶乔木，开着山茶花般的白色花朵。就算很少照料也能保持迷人的枝条姿态，不论是日式还是西式庭院都很适合。若是天气较为干燥，叶子可能会下垂，枝条的顶端可能会受损，要多加注意。

棉毛梣

Fraxinus lanuginose f. serrata

◎ 木樨科
◎ 树高：5~15m
◎ 花期：4—5月
◎ 修剪时期：12月至次年2月

将它浸泡在水中时，水会变为蓝色。它是一种落叶乔木，春天开白色的小花，像一团团烟雾，秋天叶子会变黄。生长缓慢，耐干旱和高温，易于管理。

花色 ……… ✿

加拿大唐棣

Amelanchier canadensis

◎ 蔷薇科
◎ 树高：3~5m
◎ 花期：3—4月
◎ 修剪时期：12月至次年2月

它是一种原产于北美的落叶乔木。白色的五瓣花会一簇簇地开满枝头。6月结的玫红色果实常常被用来制作果酱或果酒。应在排水良好、阳光充足的地方生长。性坚韧，易于照料，也被称为六月莓。

花色 ……… ✿

具柄冬青
Ilex pedunculosa

- 冬青科
- 树高：5~10m
- 花期：5~6月
- 修剪时期：3月下旬至5月上旬，
  7月下旬至8月上旬

它是一种可在日本关东地区以南种植的常绿阔叶树，是很受欢迎的常绿树种，叶子很小，风拂过时轻轻摇摆。若是雌株则会在秋季结红色果实。由于生长缓慢，不需要太多修剪。有一定的耐寒性，在阴凉处也能生长良好。

花色 ——— ❀

光蜡树
Fraxinus griffithii

- 木樨科
- 树高：5~15m
- 花期：5~7月
- 修剪时期：4—11月

它是一种可在日本关东地区以南种植的常绿阔叶树。叶子很小，颜色鲜艳，有别于常绿树典型的阴郁感，是给人以清爽印象的乔木。白色的花朵密集地绽放。由于生长迅速，生命力强，需要每年修剪一次，能够耐受海风和干旱。

花色 ——— ❀

野茉莉
Styrax japonica

- 安息香科
- 树高：4~10m
- 花期：5—6月
- 修剪时期：10月至次年2月

它是一种从北海道到冲绳都可以种植的落叶乔木。在初夏会开出下垂悬挂的白色或粉色铃铛状花朵。果实的皮含有毒成分。喜欢充足的阳光，但要避免西晒。应在潮湿、略为阴凉的地方培育。

花色 ——— ❀ ❀

大花四照花
Cornus florida

- 山茱萸科
- 树高：5~10m
- 花期：4~5月
- 修剪时期：11月至次年2月

它是一种原产于北美的落叶乔木，秋天时的红叶也很美丽。其花语"回礼"是指作为1912年日本向美国赠送樱花后收到的回礼。红色品种由于生长缓慢且无法长得很高，所以易于管理，耐寒性很强，也被称为美洲山茱萸。

花色 ——— ❀ ❀ ❀

乔木和中乔木

决定庭院观感的

灌木

这一类可以长到2m左右的低矮树木。可以根据喜好，选择以观叶为主或以观花为主的类型。

花叶青木

Aucuba japonica

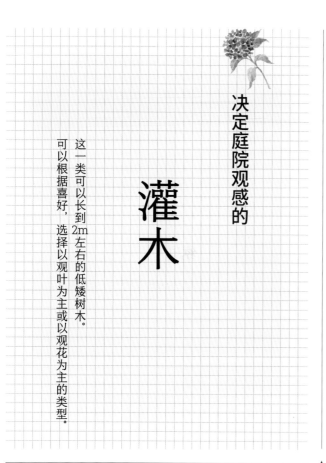

● 山茱萸科
● 树高：100~300cm
● 花期：3—5月
● 修剪时期：整年（由于生长缓慢，可根据需要修剪）

它是一种原产于日本的常绿灌木。斑叶品种类型丰富，可作为彩叶植物来点缀庭院。有着带光泽的叶子，以及在秋天和冬天变成红色的果实，都非常有观赏价值。在半阴凉到阴凉的地方能够生长良好，耐寒性和耐热性都较好。

花色 ⬦⬦

金丝梅

Hypericum patulum

● 藤黄科
● 树高：50~100cm
● 花期：5—6月
● 修剪时期：2—3月

它是一种半常绿灌木，在下垂的枝条顶端有杯状的五瓣花。耐寒性高，但在寒冷的地方会落叶。喜欢充足的阳光和具有良好保水性的土地。地栽时基本不太需要浇水，但在仲夏时节要浇水。开花后结的红色果实很可爱。

花色 ⬦

大花六道木

Abelia × grandiflora

● 忍冬科
● 树高：100~200cm
● 花期：5—10月
● 修剪时期：2—3月，9—10月

它是一种原产于中国的常绿灌木。有着从夏季到秋季的较长花期，生命力强，易于生长。萌芽能力很强，修剪的时候可以较大程度地修剪以保持树形。喜欢充足的阳光和具有良好排水性的土地，也有叶子美丽的斑叶品种。

花色 ⬦⬦

齿叶溲疏
Deutzia crenata

- 虎耳草科
- 树高：100~200cm
- 花期：5—6月
- 修剪时期：6—7月，12月至次年2月

花色 ——

它是一种在日本各地自然生长的落叶灌木。其名字来自呈中空的树枝。对于庭院树木，推荐种植较小的"细梗溲疏"和重瓣的园艺品种"白花重瓣溲疏"。喜欢光亮、湿润的环境，坚韧且容易生长。叶子掉落后，植物应保持干燥，也被称为"卯之花"

绣球
Hydrangea

- 虎耳草科
- 树高：100~200cm
- 花期：5月下旬至7月上旬
- 修剪时期：7—8月（开花后立刻进行）

花色 ——

它是以梅雨时节的花而被广为人知的落叶灌木。不喜干燥，喜半阴、排水良好的地方。虽耐寒，但对寒风敏感。花朵在酸性土壤中变成蓝色，在中性或弱碱性土壤中变成红色。叶子类似槲树叶子的品种称为栎叶绣球（下），花呈圆锥状。

台湾吊钟花
Enkianthus perulatus

- 杜鹃花科
- 树高：100~300cm
- 花期：4—5月
- 修剪时期：9—10月，5—6月

花色 ——

一种原产于日本的落叶灌木。新芽长出后有1~5个小花蕾状的花朵，下垂绽放。秋天也可以欣赏秋叶。耐较大程度的造型修剪，性坚韧，容易生长，是适合初学者的庭院树木。在半阴处也能生长良好，但开花效果不佳。

麻叶绣线菊
Spiraea cantoniensis

- 蔷薇科
- 树高：100~150cm
- 花期：4—5月
- 修剪时期：5—6月（开花后立刻进行）

花色 ——

它是原产于中国东南部的落叶灌木。白色或粉红色的五瓣花呈小球般的花序，在狭窄、拱起的枝条上密集地盛开。喜欢阳光充足的地方，但由于不耐干旱，需要注意浇水。耐寒性和耐热性都很高，最好在开花后立刻进行修剪。

灌木

能享受收获乐趣的 果树

这是一种在欣赏完花朵之后，待果实成熟，继而享受收获乐趣的植物。品尝季节的味道吧。

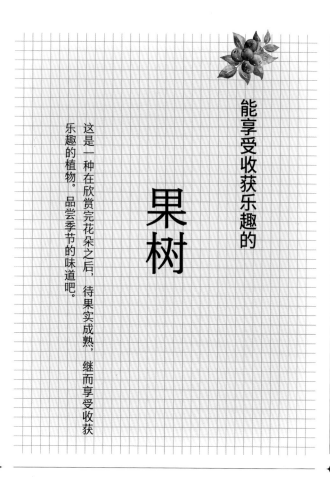

花色 ⚪🟣

越橘
Vaccinium

- 杜鹃花科
- 树高：100~300cm
- 花期：4—5月
- 收获时期：6月至9月上旬
- 修剪时期：11—3月

它是一种原产于北美洲的落叶灌木。果实可以食用，叶子具有抗氧化特性，有助于抗老和防止动脉硬化。有耐高温的兔眼越橘类和耐寒的高丛越橘类两种类型。喜鹿沼土或草炭混合的酸性土壤，盆栽时每2~3年需要换盆。

花色 ⚪🟣

美味猕猴桃
Actinidia deliciosa

- 猕猴桃科
- 树高：藤本，300cm以上
- 花期：5—6月
- 收获时期：10月下旬至11月中旬
- 修剪时期：1—2月

它是一种落叶藤本植物。该植物是雌雄同株，因此需要雄株和雌株。人工授粉比较可靠，但自然授粉也没有问题。喜欢阳光充足的地方，最好种植在棚架上。收获时果实呈绿色，很硬，经过2周左右放熟后甜味会出来。

花色 ⚪🟣

黑莓
Rubus fruticosus

- 蔷薇科
- 树高：150~300cm
- 花期：5—6月
- 收获时期：6—9月
- 修剪时期：12—2月

它是一种原产于北美和欧洲的落叶灌木。既有木本的，也有藤本的，并能自行开花结果。繁殖力强，性坚韧，少虫害，对初学者来说也易于种植。最好放置在阳光充足和通风好的地方。果实成熟时要避免阳光直射，收获前要避免淋雨，也适合做绿篱。

覆盆子
Rubus idaeus

- 蔷薇科
- 树高:100~150cm
- 花期:3—4月
- 收获时期:6—7月
- 修剪时期:1—2月,7月

它是一种原产于北美和欧洲的落叶灌木,有直立型和匍匐型两种。匍匐型会像藤蔓一样伸出触手,最好将其牵引至栅栏或墙上。生长迅速,在半阴环境下也能种植。当土壤表面干燥时,需要充分浇水,也被称为树莓。

花色 ………

葡萄
Vitis

- 葡萄科
- 树高:藤本,300cm以上
- 花期:4—6月
- 收获时期:8—10月
- 修剪时期:12月至次年2月

它是一种可以在日本各地种植的落叶藤本植物。耐热性和耐寒性都较高,喜排水良好的土地。有原产欧洲和原产北美的品种,但原产北美的品种对初学者来说更容易种植。生长迅速,需要适当的牵引和修剪。

花色 ………

香橙
Citrus junos

- 芸香科
- 树高:150~200cm
- 花期:5—6月
- 收获时期:9—12月
- 修剪时期:3月至4月上旬

它是一种常绿灌木,在柑橘类植物中属于比较耐寒的,最低可承受-7℃。耐干燥,但不喜欢冬季的低温干燥。喜欢排水良好、保水能力强的土地。如果是盆栽,应将其种植在大的容器中,放在阳光充足的地方,最好每年都修剪树枝。

花色 ………

柠檬
Citrus limon

- 芸香科
- 树高:200~400cm
- 花期:5—10月
- 收获时期:10月至次年
  4月(6—8月摘果)
- 修剪时期:2—3月

这种常绿灌木原产于印度,不耐寒。在气温低于3℃的地区最好用盆栽的方式种植。若是苗木,需要几年时间才能结果。如果枝条伸展太茂密,会难以结果,对于重叠的枝条,需要从根部开始疏剪。

花色 ………

果树

需要了解的庭院营造术语

赤玉土	一种红褐色、球状的颗粒状土壤，是日本关东壤土层火山灰的一种，从黑土下面的红土中筛出，用于盆栽等的一般土壤。
浅层栽培	在种植幼苗或球根时，栽培在比正常位置浅的地方。
通道	指从马路经过大门通到前门为止的空间，包括小路和前庭。
一年生植物	一种在播种后一年以内经历开花、结果，直到枯死的花草。当这个过程持续两年时，被称为二年生植物。
单季开花	在一年中的某个特定季节开花的植物，或具有这种特征的植物。
透枝修剪	一种修剪方法，将密集的叶子和枝条剪掉，以获得更好的光照和空气流通，也称为疏剪。
礼肥	指在植物开花或结果后施肥，能够让消耗了营养的植物恢复健康活力。
外来种	一种不是原产于该地区，而是从其他地方引进的植物。对生态系统或人类健康有负面影响的植物被称为特定外来种。
复混肥料	一种化学合成的肥料，含有两种或两种以上的氮、磷酸盐和钾盐类物质，是混合而制成的复合肥料。
鹿沼土	日本栃木县鹿沼市出产的一种黄色火山岩土壤。是一种酸性土壤，适用于山地野草类植物和杜鹃花科植物。
立株	树木生长或处理的一种形式，呈现多根树干从根部向上生长的树形。
分株	一种将一株植物从其母株中切分出来重新栽种，增加新植株的方法。
彩叶植物	具有美丽的银色、古铜色叶子或带斑点的叶子，观赏价值较高的一类植物的总称。
缓释肥料	一种作用缓慢，效果可持续一段时间的肥料。
冬肥	在冬季休眠期施用于花木和果树的肥料。
休眠期	植物停止生长的时期。
重剪	一种将过长的枝条从中间剪掉的修剪方法，是为了重塑株型或树形，并促进腋芽的生长而进行的。
苦土石灰	含镁（苦土）的石灰，是一种被用来使土壤更具碱性的材料。
地被植物	以覆盖土壤表面为目的而种植的一种植物，通常使用具有匍匐特性或生长旺盛的植物。
原种	作为通过杂交或挑选而改良出的栽培品种的原材料，是一种野生种。
针叶植物	针叶树的总称。通常特指呈圆锥形、半球形或匍匐状造型的针叶植物。
伴生植物	通过种植在很近的地方，对彼此生长状况，如防止病虫害和促进结果等有积极影响的植物。
混合肥	利用微生物的力量，分解和发酵如厨余垃圾或枯叶等有机物而制成的堆肥。
本地种	是某个地区既存的本土植物，或在同一地区传统上一直栽培的植物。
扦插	将切下的树枝、茎、叶和根插入土壤中，以使其生根和发芽的繁殖方法之一。
直接播种	将种子直接播种到花坛、田地或容器中。若是已发芽的植物则不要移植，而应按原样种植。
四季开花	不受季节限制，一年中能长出花芽后多次反复开花的植物，或是具有这种特性的植物。
宿根植物	属于多年生植物的一种，其地上部分在休眠期死亡。但地下部分仍然活着，并在第二年再次开花。
授粉	雄蕊的花粉移动到雌蕊上的过程。当授粉发生在同一个体时，称为自花授粉；当授粉发生在不同个体间时，称为异花授粉。
主景树	一种象征着住所的树。作为庭院的标志，它往往是庭院设计的中心。
犁地	在加入肥料或堆肥的同时进行耕地的过程。
杂木	不作为木材资源使用的杂树，通常是阔叶树。
速效肥料	一种快速生效的肥料，但效果难以持久。
堆肥	动物的粪便或骨粉、厨余垃圾、枯叶或木屑等有机物经微生物分解和发酵制成的肥料。
多年生植物	指在一次栽种后每年都会开花的花草或者球根植物。
追肥	根据需要追加施与的肥料。
定植	将生长在育苗箱或聚乙烯盆中的幼苗换盆到花坛或容器中，以供观赏的过程。
底部灌溉	将整个容器浸泡在水中，从容器底部给水的浇水方式。适用于喜欢高湿度的植物。也可以在夏天长期外出时进行。
疏果	趁果实还稚嫩的时候进行疏剪，剩余的果实将长得更大、更甜。

翻土	是将花坛中的土掘出，翻动互换上下两层土壤，以改善土壤质量的过程。在1—2月进行，可以使害虫和病原体暴露在寒冷中而被杀死。	**深层栽培**	将幼苗或球根种植得比平时更深，指将幼苗埋到茎部。
箱式播种	在聚乙烯花盆或育苗箱中播种。当幼苗呈现发芽的状态时，就可以进行换盆了（→定植）。	**覆土**	播种后在种子上铺一层薄薄的土。
挡土墙	为了防止土壤流失，用砖头、石头或木材制成的墙。有时会种植横向生根的植物以固土，作为挡土墙。	**腐叶土**	由落叶树的落叶等经腐烂而成的土壤，也是堆肥的一种，经常被用作植物栽培的土壤改良用土。
造型修剪	是西方园林中的一个通用术语，用来描述将树木修剪成各种形状而形成立体的造型。	**分枝**	随着腋芽出现枝干分杈的现象。如果一种植物能产生许多腋芽和枝条，就可以说它是有分枝的性质。
烂根	指植物根部腐烂。可能是由过度浇水或施肥、高温或低温造成的。	**间苗**	在新芽中选出生命力最旺盛、最粗壮的，把其余的拔出土壤，或指修剪掉拥挤混杂枝条的过程（疏剪）。
土球	植物的根系被土壤固定在一起，形成一个紧密的固体块，是植物从盆中拔出或从地上挖出时得到的部分。	**护根物**	用木屑或树皮来覆盖植物种植处的表面，具有能够提高土壤的温度，有助于保持热量，防止水分蒸发、病虫害的功效。
营养土	将几种类型的土壤按一定比例混合后的土。市场上售卖的营养土中，包括适用于花草、蔬菜和山地野草等栽培植物的土壤，便于园艺初学者使用。	**实生苗**	由种子萌发而长成的植物。
		无机肥料	由矿物精制而成或化工合成的肥料，被用于室内栽培的观叶植物等。
修剪残花	是把已经开完的花（开败的花）摘下来的过程。能够使下一次的花更容易绽放，也有助于预防病害。	**抹芽**	取除不需要的嫩芽，以防止徒长和不需要的开花，并整理造型。只摘除腋芽会使养分集中在顶芽上，开出更大、更好的花朵。
浇叶面水	用喷雾器将水直接喷到叶子上。许多室内栽培的观叶植物都喜欢这种方式，也有助于防止病虫害。	**基肥**	在播种或换盆时施用的肥料。通过使用堆肥，如具有迟效性的有机肥料，或缓释复混肥料，以确保其在整个生长期间都能持续有效。
焦叶	强烈的日照所造成的部分叶片变色。虽然有些植物原本就比其他植物更容易焦叶，但当一直在阴凉处的植物突然被放在阳光下时，也会发生焦叶。	**重瓣花**	花瓣交相重叠成几层的一种开花方式，或指具有这种形状的花。
		牵引	将茎或枝条绑在栅栏或支柱上，引导其向所需的方向生长。
半阴	是指一天中受固定的日照时间的地方，或只有一部分受日照的地方，也指那些在树根周围等树叶挡住光线、阳光透过缝隙照射的地方。	**有机肥料**	取自来源于动植物的材料而制成的肥料，如牛粪、骨粉或鸡粪。
草炭	是由泥炭藓等堆积、腐殖化而形成泥炭，再经干燥而成的一种土壤。具有很好的保水性，并能使土壤增加酸性及变得柔软。	**混栽**	在一个容器中种植多种植物。种植不同种类的植物时，最好选择生境相似的植物。
单瓣花	花瓣不重叠的一种开花类型，或指具有这种形状的花。	**走茎**	从母株上长出靠近地面的匍匐长茎，从节上生根，形成子株。
掐尖	指从茎和枝的顶端将芽掐除，可以促进分枝，增加花和叶的数量，也称为摘心。	**矮性**	一种株高或树高比一般品种明显矮得多的品种。可以通过使用矮化剂处理或采用嫁接的方式人为地使其矮化。
斑	在叶片或花瓣上出现的，与本身颜色不同的色彩。斑叶植物是指部分绿叶上有白色、黄色或红色斑点。带斑纹可能会增加植物的价值，但在性状上，它比原种（无斑纹）要弱。	**腋芽**	从除茎顶端以外的叶基部或树干和茎的中部冒出的芽，也被称为侧芽。摘取腋芽的操作也被称为摘除腋芽或抹芽。

植物索引

© 2024 辽宁科学技术出版社。
著作权合同登记号：第 06-2021-212 号。

图书在版编目（CIP）数据

打造美丽的小庭院：花园设计与装饰技巧 / 日本E&
G学院编著；姜佳怡，屈铭涛，旷怡译. — 沈阳：辽宁
科学技术出版社，2024.6
　　ISBN 978-7-5591-3352-6

　　Ⅰ . ①打… Ⅱ . ①日… ②姜… ③屈… ④旷… Ⅲ .
①花园—园林设计 Ⅳ . ① TU986.2

　　中国国家版本馆 CIP 数据核字（2023）第 254016 号

出版发行：辽宁科学技术出版社
　　　　　（地址：沈阳市和平区十一纬路25号　邮编：110003）
印　刷　者：辽宁新华印务有限公司
经　销　者：各地新华书店
幅面尺寸：210mm × 257mm
印　张：12
字　　数：230千字
出版时间：2024年6月第1版
印刷时间：2024年6月第1次印刷
责任编辑：闻　通　李　红
封面设计：何　萍
版式设计：李天恩
责任校对：韩欣桐

书　　号：ISBN 978-7-5591-3352-6
定　　价：88.00元

联系电话：024-23280070
邮购热线：024-23284502
E-mail: 1076152536@qq.com